果树
科学施肥
技术手册

中国农业科学院果树研究所
全国农业技术推广服务中心　组编

李燕青　傅国海　何文天　主编

中国农业出版社
北　京

编　委　会

主　编：李燕青　傅国海　何文天
副主编：李　壮　张　健　葛顺峰　车升国
　　　　何翠翠　李志坚
参　编：沈　欣　李　军　许　猛　于会丽
　　　　张水勤　张　毅　刘　颖　张　鹏
　　　　廉学强　沈　兵　孙文辉　贺　强
　　　　吴景森　耿金锴　张　文　崔连豪

前　言

　　科学施肥是果业高质量发展的内涵之一，也是果业提质增效、绿色发展的路径和具体体现。针对目前果园施肥仍然存在的盲目性、经验性、缺乏科学依据等问题，我们组织编写了《果树科学施肥技术手册》。

　　诚然，作为一名土肥工作者心中自知，简单按照树种制定施肥方案明显是考虑不周的。科学的施肥方案需考虑果园的气候、土壤肥力、树种（品种）、树龄、土壤管理方式、栽培措施、树势等诸多因素。必须清楚：任何一种施肥方案都不可能适用于所有果园；同一个果园的施肥方案也不是一成不变的；通过土壤分析和叶分析，同时综合考虑其他影响因素方能制定出较为科学的施肥方案。有条件的情况下，应根据第一年的测试分析结果，给出初步施肥方案，然后每年根据叶分析和土壤分析结果，进行调整。原则上讲，施肥方案应"一园一策"。

　　科学的施肥方案才能生产出高品质的水果。本书编写的初衷是希望能够为果园管理工作者和科技工作者在制定果园施肥决策时提供最直接的帮助。施肥方案章节（第五章和第六章）是全书实践性最强的部分，可以为果园管理的决策者提供最直接的参考方案。目前，叶分析和土壤分析技术在我国未能普及，多数果园施肥方案的制定仍基于种植经验，很难保证施肥方案的科学性。但是为了能够向决策者提供实用性和直接性的帮助，我们慎重地提供了按照树种进行分类的施肥方案。本书提供的施肥方案原则上仅供决策者进行参考，如果施肥决策者没有更为合理的方案，可按照本书提供的施肥方案实施。具体施肥方案制定的过程，我们仍遵循了传统的理念，即：以树定产、以产定氮、以氮定磷钾、以土定肥、因缺补缺。根据树龄、树势、品种等确定单位面积产量，根据单位面积产量确定单位面积施氮量，根据氮磷钾施用比例确定氮磷钾肥施用量，根据土壤类型、特点确定肥料类型，根据营养诊断确定需要补施微量元素的种类。

　　本书的编写得到了中国农业科学院果树研究所、全国农业技术推广服务中心、北京市农林科学院、山东农业大学、中国热带农业科学院、中海石油化学有限公司——海油富岛（上海）化学有限公司、广东康土康田农业科技有限公司、菏泽市林业技术服务中心等单位有关专家的大力支持，确保了本书内容精简扼要、重点突出，科学性和实用性并重，适合从事果业生产的科技人员、果园管理者等参考使用。

　　书中如有遗漏、不妥，恳请有关专家和广大读者批评指正。

编　者

2023 年 10 月

目 录

第一章　果树施肥原理及形态学营养诊断

第一节　必需营养元素种类、来源、功能

　　要了解果树正常发育需要什么，首先要知道果树是由什么组成的。化学元素是万物组成的基本粒子，果树亦是由基本的化学元素构成。了解果树的营养元素构成及功能有助于肥料的科学施用。因此，本节我们主要介绍组成果树的必需营养元素种类、来源及生理功能等果园肥料科学施用的基础知识。

一、植物组成和必需营养元素

　　新鲜植物体一般含水量为 $70\%\sim95\%$。植物的含水量因年龄、部位、器官不同而有差异。水果可食部分含水量较高，其次为叶片，其中又以幼叶为最高，茎秆含水量较低，种子中则更低，有时含水量只有 5%。新鲜植物经烘烤后，可获得干物质，在干物质中含有无机物和有机物两类物质。干物质中的有机物可在燃烧过程中氧化而挥发，余下的部分就是灰分，是无机态氧化物。用化学方法测定得知，植物灰分中至少有几十种化学元素，甚至地壳岩石中所含的化学元素均能从灰分中找到，只是有些元素的数量极少（图1-1-1）。

　　经生物试验证实，植物体内所含的化学元素并非全部都是植物生长发育所必需的营养元素。1939年科学家提出了确定必需营养元素的3个标准：

1. 必要性

　　这种化学元素对于所有高等植物的生长发育是不可缺少的，缺

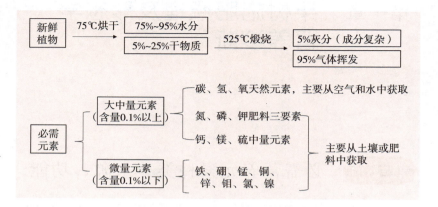

图 1-1-1　植物主要组成成分及必需元素

少这种元素植物就不能完成其生命周期。对于高等植物来说，一个生命周期即由种子萌发到再结出种子的过程。

2. 不可替代性

缺乏这种元素后，植物会表现出特有的症状，而且其他任何一种化学元素均不能代替其作用，只有补充这种元素后症状才能减轻或消失。

3. 直接性

这种元素直接参与植物的新陈代谢，为植物提供营养。一般认为，果树必需的 17 种元素是碳（C）、氢（H）、氧（O）、氮（N）、磷（P）、钾（K）、钙（Ca）、镁（Mg）、硫（S）、铁（Fe）、硼（B）、锰（Mn）、铜（Cu）、锌（Zn）、钼（Mo）、氯（Cl）、镍（Ni）。其中，以 C、H、O 三种元素的需要量最大，占树体干重的 95% 左右。果树主要从空气（CO_2）和水中吸收这三种元素，称为非矿质元素。果树生长需要的其余元素均需从土壤或肥料中吸收，称为矿质元素。不同矿质元素可利用形态如下：氮，NO_3^-、NH_4^+；磷，$H_2PO_4^-$、HPO_4^{2-}；钾，K^+；钙，Ca^{2+}；镁，Mg^{2+}；硫，SO_4^{2-}；铁，Fe^{2+}；锰，Mn^{2+}；铜，Cu^{2+}；锌，Zn^{2+}；硼，$H_2BO_3^-$、$B_4O_7^{2-}$；钼，MoO_4^{2-}；氯，Cl^- 等。

二、必需营养元素的一般营养功能

从生理学观点来看，根据植物组织中元素的含量把植物营养元素划分为大量营养元素、中量营养元素和微量营养元素是欠妥的。如果根据植物营养元素的生物化学作用和生理功能可以将植物必需营养元素分为4组：

第一组包括碳、氢、氧、氮和硫。它们是构成有机物的主要成分，也是酶促反应过程中原子团的必需元素。这些元素能在氧化还原反应中被同化，碳、氢、氧在光合过程中被同化形成有机物。将碳、氢、氧、氮、硫同化为有机物是植物新陈代谢的基本过程。

第二组包括磷、硼和硅，这3个元素有相似的特性，它们都以无机阴离子或酸分子的形态被植物吸收，并可与植物体中的羟基化合物进行酯化作用生成磷酸酯、硼酸酯等；磷酸酯还参与能量转换反应。

第三组包括钾、钠、钙、镁、锰和氯。它们以离子的形态被植物吸收，并以离子的形态存在于细胞的汁液中，或被吸附在非扩散的有机酸根上。这些离子有的能参与细胞渗透压，有的能活化酶，或成为酶和底物之间反应的桥梁。

第四组包括铁、铜、锌和钼。它们主要以整合态存在于植物体内，除钼以外，也常常以配合物或螯合物的形态被植物吸收。这些元素中的大多数可通过原子价的变化传递电子。此外，钙、镁、锰也可被螯合，它们与第三组元素间没有很明显的界线。

> **提示：** 构成植物骨架的细胞壁，几乎完全是由碳水化合物和含碳、氢、氧的其他化合物所组成；作为细胞质主要有机成分的蛋白质，也主要是由碳、氢、氧、氮和少量的硫所组成；细胞核以及某些细胞质的细胞器中的核酸是由碳、氢、氧、氮和磷构成的；所有的生物膜中都含有丰富的脂类，它们主要是由碳、氢、氧、磷和少量的氮所构成。

钙的主要功能是进入细胞壁中的胶层结构，成为细胞间起连接作用的果胶酸钙。钙在调节细胞膜的透性方面起着重要作用。镁在化学性质上与钙相似，它是叶绿素分子的中心元素，也是多种酶的特异辅助因子，对于核糖体稳定性来说也是必需的。钾的功能是多方面的，对调节膨压有重要作用，它还能活化许多种重要的酶。

在微量营养元素中，除硼和氯以外，其他元素的主要营养功能是作为细胞中酶的基本组分或激活剂，常常是辅酶或是辅酶的一部分，特别是那些在氧化还原反应中起作用的辅酶中都含有某种微量营养元素。缺硼常会引起分生组织细胞死亡，这可能和硼参与糖的长距离运输有关。氯在某些作物中也参与膨压的调节，它作为陪伴离子和钾一起移动，使细胞维持电中性。

提示： 有益元素（钠、硅、铝、钴、硒）虽不是所有植物所必需的，但却是某些植物种类所必需的（如硅是水稻所必需的），或是对某些植物的生长发育有益，或是有时表现出有刺激生长的作用（如豆科作物需要钴、藜科作物需要钠等）。

第二节　果树对矿质元素的吸收及养分有效性

施肥的目的在于促进果树对矿质元素的吸收，而土壤中养分元素的有效性是影响果树对矿质元素吸收的关键。本节简要介绍果树根系对养分的吸收及根外营养、土壤中养分的有效性。

一、果树对养分的吸收

1. 根系对养分的吸收

根系吸收养分的形态以离子态或无机分子态为主，少部分以有机形态被吸收。根系吸收土壤中矿质元素的过程分两步：第一步是土壤中养分元素到达根系表皮，第二步是养分元素从根表进入根系内部。

土壤中养分到达根表有两个途径：一是根对土壤养分的主动截获。截获是指根直接从所接触的土壤中获取养分，而不通过运输，截获的养分实际是根系所占据的土壤容积中的养分，主要取决于根系容积（或根表面积）和土壤中有效养分的浓度。二是在植物生长与代谢活动（如蒸腾、吸收等）的影响下，土体养分向根表迁移，迁移有两种方式，质流与扩散。植物蒸腾作用导致根际土壤水分减少，造成周围土壤和根际土壤产生水势差，周围土壤水分携带土壤养分向根际土壤移动的过程称作质流；植物根系不断吸收有效养分，导致根际土壤有效养分浓度降低并与周围土壤产生浓度差，从而引起周围土壤有效养分（高浓度）向根际土壤（低浓度）扩散的过程称作扩散。

无机养分进入植物根系的过程可以分为两种情况：一是被动吸收，也称非代谢吸收，是一种顺电化学势梯度的吸收过程，不需要消耗能量，属于物理或物理化学吸收作用，可通过扩散、质流、离子交换等方式进入植物根细胞；二是主动吸收，又称作代谢吸收，是一个逆电化学势梯度且消耗能量的吸收过程，具有选择性，故也称选择性吸收。植物根系还可以吸收有机态养分，其吸收机理尚无定论，一般认为，在具有一定特性的透过酶作用下进入植物细胞的这个过程是消耗能量的，属于主动吸收。

提示：土壤中养分浓度、温度、光照、水分、通气状况、土壤酸碱度、离子理化性状及离子间的相互作用均可影响果树根系对矿质元素的吸收。

2. 果树叶片和地上部其他器官对养分的吸收

植物除可从根部吸收养分外，还能通过叶片（或茎）吸收养分，这种营养方式称为根外营养。喷施到叶片上的养分进入到叶肉细胞中的途径有三条。一是通过分布在叶面的气孔。气态矿质养分，如 NH_3、NO_2 和 SO_2 主要通过气孔进入叶片，并迅速参与代谢；水和溶液状态的营养物质也能部分通过气孔进入叶肉细胞。二是叶面角质层的亲水小孔，如尿素分子，可以自由通过亲水小孔进入叶片内部。三是通过叶片细胞的外质连丝主动吸收叶表的营养元素。矿质养分的种类、配施浓度、叶片对养分的吸附能力、外界温度等均可影响叶片对矿质营养的吸收过程。

一般来讲，在植物的营养生长期间或是生殖生长的初期，叶片有吸收养分的能力，并且对某些矿质养分的吸收能力比根的吸收能力强。因此，在一定条件下，根外追肥是补充营养物质的有效途径，能明显提高作物的产量和改善品质。

与根供应养分相比，通过叶片直接提供营养物质是一种见效快、效率高的施肥方式。这种方式可防止养分在土壤中被固定，特别是锌、铜、铁和锰等微量元素。此外，还有一些生物活性物质可与肥料同时进行叶面喷施，如果树生长期间缺乏某种元素，可进行叶面喷施，以弥补根系吸收的不足。植物的叶面营养虽然有上述优点，但也有其局限性。如叶面施肥的效果虽然快，但往往效果短暂，而且每次喷施的养分总量有限，又易从疏水表面流失或被雨水淋洗。此外，有些养分元素（如钙）从叶片的吸收部位向植物的其他部位转移相当困难，喷施的效果不一定好。这些都说明植物的根外营养不能完全代替根部营养，仅是一种辅助的施肥方式。

> **提示：** 根外追肥只能用于解决一些特殊的植物营养问题，并且要根据土壤环境条件、作物的生育时期及其根系活力等合理应用。

二、营养元素的有效性

虽然土壤中存在（原始存在或通过肥料带入）大量的果树生长所需的营养元素，然而并非所有营养元素均可被果树根系吸收。研究者将土壤中能被植物吸收利用的那部分养分称为生物有效养分。生物有效养分的测定只能通过田间试验观测植物的生长效应，耗时费力，难以推广应用，因此，科学界又在土壤化学分析的基础上提出了化学有效养分（植物可吸收的养分元素的形态）。化学有效养分与生物有效养分相关性极强，完全可以作为反映土壤养分生物有效性简单便捷的指标。在生育期内土壤中不能被植物吸收利用的养分元素则被称为无效养分。

果树施肥最直接的目的是提高果园土壤中生物有效养分，促进树体对养分元素的吸收。然而，肥料中的养分元素是化学意义上的有效养分。因此，施肥可直接提高土壤中化学有效养分的含量，肥料施入后也伴随着肥料中元素的大量无效化，转化成了土壤中的无效养分。当然，土壤中的无效养分在一定条件下也会转化成为化学有效养分。对于土壤养分的管理主要有三方面的工作：一是通过改善土壤物理、化学、生物学特征，促进无效养分向化学有效养分转化；二是通过施肥直接提高土壤中化学有效养分的含量；三是促进根系对化学有效养分的吸收，成为生物有效养分。定量化的研究土壤的有效养分及其影响因素、肥料施入土壤后养分元素的转化，对于发展合理施肥与推荐施肥技术有着重要意义。

第三节 施肥原理与科学施用原则

施肥原理是涉及植物营养学、土壤学、肥料学的具有普遍意义的基本规律。从施肥原理出发，结合实践，人们推演归纳出了众多肥料科学施用的原则。掌握施肥原理，充分利用肥料施用原则，方可为果园制定合理的施肥方案。

一、科学施肥原理

1. 营养元素同等重要、不可替代律

对植物来讲，不论大量元素还是中量元素或微量元素，在植物生长中的作用都是同等重要，缺一不可的。缺少某种微量元素时，尽管它的需要量可能会很少，但仍会产生微量元素缺乏症而导致减产，并不因为需要量的多少而改变其重要性。作物需要的各种营养元素，在作物体内都有一定的功能，相互之间不能代替，缺少哪种营养元素，就必须施用含有该营养元素的肥料，施用其他肥料不仅不能解决问题，有时还会加重缺素症状。

> **提示：** 营养元素同等重要、不可替代律告诉我们要均衡施肥，在使用大量元素肥料的同时，要注意补充中微量元素，以防止缺素症的出现，影响果实产量和品质。

2. 养分归还学说

养分归还学说的中心内容：植物通过不同方式从土壤中吸取养分，随着人们将吸收利用了土壤营养的果实、枝条、落叶等从果园取走，必然间接从土壤中将这部分养分带走，使土壤养分逐渐减少。因此，连续种植会使土壤贫瘠。为了保持土壤肥力，提高作物产量，就必须把作物带走的矿质养分全部归还给土壤。施肥是归还土壤养分最直接有效的方式。

> **提示：** 养分归还学说从原理上告诉我们土壤中的养分是如何减少的。

3. 最小养分律

最小养分律的中心内容：植物的生长受相对含量最少的养分所支配，作物产量主要受土壤中相对含量最少的养分所控制，作物产量的高低主要取决于最小养分补充的程度，最小养分是限制作物产量的主要因子，如不补充最小养分，其他养分投入再多也无法提高作物产量。例如，氮供给不充足时，即使多施磷和其他肥料，作物产量仍不会增加。最小养分不是固定不变的，在得到一定补充后，最小养分可能发生变化，产生新的最小养分。

> **提示：** 最小养分律也称作木桶原理，告诉我们要有针对性施肥。缺什么补什么，方能发挥肥料的效果。盲目施肥不仅不能提高果实的产量和品质，还可能造成某种元素的过量积累，导致养分失衡，进而影响果实品质。

4. 报酬递减律与米采利希学说

报酬递减律的中心内容：从一定土地上所得到的报酬随着向该

土地投入的劳动和资本量的增加而有所增长，但随着投入的劳动和资本量的增加超过一定范围，单位投入劳动和资本量所获得的报酬增加量却是在逐渐递减的。

米采利希学说：在其他各项技术条件相对稳定的条件下，随着施肥量的增加作物产量也随之增加，但单位施肥量所获得的增产量却是逐步减少的。

> **提示：** 报酬递减律与米采利希学说告诉我们肥料并不是施用的越多越好，施肥要限量。对于果树来讲，在一定用量范围内，随着施肥量的增加，果实的产量和品质均可明显提高。施肥量一旦超出一定限量则可能造成果树营养生长过旺，树势难以管理，产量降低，果实品质下降。肥料的大量施用也会造成土壤中养分的大量积累，对土壤质量和环境质量造成风险。

5. 因子综合作用学说与限制因子律

作物生长发育，除了需要充足的养分外，还需要适宜的温度、水分、光照和空气等诸多因素（因子）。每种因素对作物的生长发育都有同样重要的影响。果树的生长状况是众多因素综合作用的结果，其中某个因素的供给量相对最少，则该因素被称作限制因子，果实的产量和品质在一定程度上受这个限制因子的制约，即限制因子律。

> **提示：** 因子综合作用学说与限制因子律告诉我们，为了充分发挥肥料的增产作用和提高肥料的经济效益，施肥必须与果树生产的其他措施（灌溉、修剪等）配合，养分之间也应配合施用。

二、果园肥料科学施用原则

果园肥料科学施用应充分考虑土壤养分环境、果树营养需求、肥料性质，以高产、优质、高效和环保为目标，最大限度实现经济效益、生态效益和社会效益的最佳化。总而言之，果树施肥应遵循 4R 原则，即适宜肥料种类（right source）、适宜肥料用量（right rate)、适宜施肥时间（right time）、适宜施肥位置（right place）。

1. 用地和养地相结合

土壤是果树根系生长和养分、水分吸收的主要场所，果园土壤肥力状况显著影响根系生长及其对养分、水分的吸收。用地和养地相结合的实质就是满足果树高产、优质对营养需要的同时，逐步提高果园土壤肥力。其中，用地指采取合理的施肥措施，通过促进根系生长、改善土壤结构和水热状况、选择合适的品种等，充分挖掘果树利用土壤养分的能力，最大限度地发挥土壤养分资源的潜力，保证果树高产、优质。养地是指通过施肥逐步培肥土壤，提高土壤保肥、供肥能力并改善土壤结构，维持土壤养分平衡，为果树的高产、稳产打下良好基础。另外，养地还要重视改善土壤理化性状，以及消除土壤中不利于根系生长及养分吸收的障碍因子。养地是用地的前提，而用地是养地的目的，二者互相结合、互相补充。

2. 营养需求与肥料释放、土壤养分供应特性相吻合

栽培方式、砧木种类、品种、立地条件及管理水平不同，果树产量和生长量均有较大差异，因此单位产量的养分需求量也不同。此外，土壤肥力水平也显著影响果树根系的养分吸收状况。在土壤肥力较高的果园，施肥不仅效果不好，造成肥料浪费，还会引起果实品质降低和环境污染问题；而在土壤肥力低的果园，施肥不足则会导致严重减产及果实品质降低。

> **提示：** 果园土壤的理化性状，如结构、质地、pH 对果树根系生长及养分吸收利用有重要的影响，因此在施肥中也应对这些因素加以调控，使之逐步改善。不同种类的肥料在土壤中转化过程不同，对土壤理化性状的影响也不一致，果树对其利用能力也不同，这也需要在生产实际中加以考虑。

沙质土果园因保肥保水性差，应少施勤施肥，多用有机肥，防止养分严重流失。盐碱地果园因土壤 pH 偏高，许多营养元素如磷、铁、硼易被固定，应注重多施有机肥，磷肥和微肥最好与有机肥混合施用。黏质土果园保肥、保水性强，透气性差，追肥次数可

适当减少，多配合有机肥或局部优化施肥，协调水气矛盾，提高肥料有效性。

3. 肥料精确调控与丰产、稳产、优质的树体结构和生长节奏调控相结合

良好的树体结构有利于协调营养生长（枝、叶等）与生殖生长（花、果）的关系，促进光合作用，优化碳水化合物在树体内的分配。利用生产技术调节果树生长节奏，协调营养生长与生殖生长的矛盾，是保证果树高产、稳产的关键，而养分管理在调节果树生长发育中发挥着重要作用。例如，在苹果生产中，秋施基肥及早春施肥有利于叶幕和营养器官形成，对保证苹果树正常生长有重要意义；而花芽分化期施氮肥（6 月上中旬）则需格外注意，过量施氮会造成枝条旺长，不利于果实品质的提高，同时不利于花芽分化。

4. 施肥与水分管理有机结合

水、肥结合是充分利用养分的有效措施。在实际生产中，肥料利用率不高、损失率大等问题的产生往往与不当的水分管理有关。过量灌水不仅会造成根系生长发育不良，影响根系对养分的吸收，同时还会引起氮素等养分的淋洗损失；而土壤干旱也会使肥效难以发挥，施肥不当还会发生烧根等现象，不利于养分利用及果树生长。尤其在土壤贫瘠、肥力低的果园，将水、肥管理有机结合，是节约水分、养分资源，提高果树产量的有效方法。

5. 施肥与栽培技术结合

在果实生产中，施肥技术必须与果树栽培技术有机结合，栽培技术如环割、环剥、套袋、生草制等的运用都会对施肥提出不同的要求。例如，为控制营养生长过旺、促进开花结果，在苹果树上较普遍地实行环割和环剥，可以提高果树产量的同时，增加树体对养分的需求。在实行生草制的苹果园，氮肥的推荐量应较实行清耕制的果园有所增加。因此，在设计果园施肥方案时，应与立地条件、栽培技术相配套。

6. 在充分了解肥料性质的基础上合理利用各类肥料

有机肥和化肥在土壤培肥、养分含量方面有明显区别。化肥一般养分元素单一，但养分含量高；有机肥则养分元素种类丰富，但含量低。化肥肥效较快，但肥效持续时间短；有机肥则肥效慢，持续时间长。另外，有机肥可以快速改良土壤，提高土壤协调水、肥、气、热的能力；化肥则没有显著的改良作用。科学配施有机肥与化肥，可取长补短，实现肥效快慢结合、长短结合，在改良土壤的同时，保证果实产量和品质。在我国果园有机质含量偏低的现状下，应大力提倡有机肥与无机肥的配合施用。

有机肥与无机肥相结合的原则有两方面的内涵：一方面，通过施用有机肥，尤其是施用富含有机质的有机肥，改善土壤理化性状，提高土壤保肥供肥能力，促进根系生长发育及对养分的吸收，为无机养分的高效利用提供基础；另一方面，通过施用无机肥料，逐步提高土壤养分含量并协调土壤养分比例，在满足苹果树对养分需求的同时，使土壤养分含量逐步提高。根据一些地区的经验，苹果园养分投入总量中，有机养分的投入应占50%左右，可较大限度地发挥有机养分和无机养分在增产和改善果品中的作用。

> **提示：** 氮肥在土壤中容易流失，氮肥施用过程中要遵循"少量多次"的原则，全年化学氮肥施用至少3次以上。化学氮肥亦容易产生气态损失，所以施肥时尽可能避免撒施，宜开沟深施。化学氮肥施用时最好与有机肥或化学磷、钾肥混施，促进营养元素间的协同作用，提高肥料利用率。

磷肥对苹果的开花、坐果、枝叶生长、花芽分化、果实发育都有积极作用。在一年之中，果树对磷的吸收几乎没有高峰和低谷，较为平稳。黄土高原碱性土壤中，有些土壤中磷的总含量并不低，但由于土壤呈碱性，磷极易被固定，能溶于水的有效性磷含量非常低，往往使树体处于缺磷状态。磷在土壤中的水溶性和移动性较差，当季利用率低，磷肥在施用时要作为基肥施用，而且要深施，尽量施在根系附近，有利于根系对磷的吸收，提高磷肥利用率。磷肥施用时可与优质的呈酸性的有机肥混合施用，有机肥可在磷肥颗粒外围包上一层"外衣"，避免或减少碱性土壤与磷肥的接触，减少磷被土壤固定。因此，对于碱性土壤，为避免施入的磷肥被土壤固定，降低其有效性，可在每年秋季结合深翻与有机肥混合施入，全年施入1次也可。

果树在春梢迅速生长期和果实膨大期需钾量大，尤其在果实膨大期需钾最多，这一时期施入钾肥，可以促进糖向果实运转，增强果实的吸水能力，果实表现个大，上色早且快，着色面积大而鲜艳，含糖量高，味甜，风味浓，品质佳且耐贮藏。因此，钾肥的施用时期主要在新梢迅速生长前的谢花后和果实膨大前。此外，秋施基肥时，在有机肥中混施一部分钾肥，可以增加树体钾的贮藏量，对翌年春季春梢生长和幼果发育具有良好作用。钾肥的施入应以追肥为主、基肥为辅，重视中后期的施用。

解决果树缺乏某种中微量元素的问题，主要从三方面入手：一是因缺补缺，适时施用。中微量元素的需求量小，施用时要严格控制用量和浓度，做到施肥均匀。二是调节土壤环境。土壤pH、水分含量等因素都会影响中微量元素的吸收利用。三是注意合理配施。如钾过多对Ca^{2+}起拮抗作用，磷过多易引起缺锌症状，偏施氮肥会造成缺硼。

第四节　果树营养形态学诊断

果树营养形态学诊断是人们为了及时确定果树发育过程中营养元素是否失衡而总结出来的一些科学方法。目前，常用的营养诊断方法有酶学诊断法、叶片营养诊断法（元素含量标准值）、光谱诊断法（冠层反射、硝酸盐反射、叶色卡、叶绿素仪）以及形态学诊断法。上述方法各有其优缺点，其中营养形态学诊断简单易行，不需要复杂的理论技术和贵重的仪器设备，诊断者只需具备一定的生产实践经验，通过系统的学习即可初步识别果树发育是否出现营养元素失衡的问题，针对性和实用性强，对一线技术推广人员、技术骨干及果农意义较大。本节重点介绍果树营养形态学诊断方法。

一、形态学诊断方法

形态学诊断方法是通过观察树体外部形态特征，即树体、枝、叶、花、果实等的外观表现，确定树体某些营养元素的盈亏状况的一种诊断方法。形态学诊断方法的一般步骤如下：

1. 正确区分病害类型

引起果树树体及果实异常的病害主要有两类，一类是病原性病害，一类是生理性病害。病原性病害主要指植物真菌、细菌与病毒等病原物侵染并寄生在植物体内而引起寄主植物发病的一类病害，如腐烂病、斑点落叶病、炭疽病等。生理性病害是由不适宜的物理、化学等非生物环境因素直接或间接作用，而造成树体、果实生理代谢失调所引发的一类植物病害，因不能传染，也称非传染性病害。例如，冻害、旱害、寒害、日灼、缺素等都是生理性病害，其中由于矿质元素的缺乏引起的生理性病害最为常见。引发生理性病害的环境因素主要有土壤条件、温度、湿度及栽培措施等。

果树生理性病害与病原性病害发病机理不同，尽管表观上有相似之处，但防治措施大相径庭，因此，要正确区分患病果树是哪类病害引起。可从以下三个方面加以区分：

看病症发生发展的过程：病原性病害具有传染性，因此，病害的发生初期一般具有明显的发病中心，然后迅速向四周扩散，通常成片发生；而生理性病害一般无发病中心，以零散发病为多。

看病症与土壤的关系：病原性病害与土壤类型、特性无太大关系，无论何种土壤类型只要有病源，且生存条件适宜，便会发生。生理性病害的发生与土壤类型、特性有明显的关系，不同土壤类型病害发生与否，以及严重程度等有明显差异。

看病症与天气的关系：病原性病害在阴天、湿度大的天气多发或重发，植株群体郁蔽时更易发生，生理性病害与地上部空气湿度关系不大，但土壤长期滞水或干旱可促发某些缺素症，如植株长期滞水可导致生理性缺钾病害，表现为叶片自上而下叶缘焦枯，土壤含水量忽高忽低，容易引发生理性缺钙。

2. 牢记各种元素在植物体内的移动性

氮、磷、钾、镁、氯、钼、镍等在植物体内容易移动，可以被多次利用，当植株缺乏这些元素时，这类元素从成熟组织或器官转移到生长点等代谢较旺盛部分，因此，缺素症状首先表现在成熟组织或器官上。如展叶过程中缺素，症状首先发生在老叶中；植株开花结实时，这些元素都由营养体（茎、叶）运往花和果实（生殖器官）；植物落叶时，这些元素都由叶运往茎干或根部。钙、铁、硫、锌、锰、铜、硼等在植物体内不易移动，不能再次被利用，这些元素一般被植物地上部分吸收利用，所以，器官越老其含量越大，缺素症状均出现在新发生的幼嫩器官上。正确区分植物不同元素的缺素症状非常重要。

3. 从整体到局部循序渐进找病因

第一步，全园看，看全园发病的规律、土壤情况、水分情况、地势情况、灌溉水位置及来源等。第二步，整株看，从树体上部到下部看发病部位，是新梢还是老叶，一般来说，移动性元素缺乏，老叶先表现，不移动性元素缺乏，新生叶片上先表现。第三步，仔细看特性，要看植物新梢形态、叶片大小和叶色、果实畸形特征等。例如，磷、钾、镁等元素在植物体内有较大的移动性，可以从老叶向新叶转移，因而这类营养元素缺乏症状都发生在植物下部的老熟叶片上，反之，铁、钙、硼、锌、铜等元素在植物体内不易移动，这类元素缺乏症状常首见于新生芽、叶。

4. 牢记不同缺素症状的典型特征

树体内必需矿质元素在植物的生长发育中发挥重要作用，当某元素缺乏较为严重时，会在植物体不同器官上表现出典型症状。初步了解每种矿质元素的生理作用，牢记其典型缺素特征对于准确判断致病原因具有决定性作用。

二、果树缺素症的典型特征

常见果树缺素症见表 1-4-1 至表 1-4-12。

表1-4-1　常见果树氮缺乏或过多的专性症状学

树种	可见症状
苹果	缺氮时，新梢短而细，嫩枝僵硬而木质化，皮层呈现红色或棕色。叶稀疏，春天叶小，直立，为灰绿色，到夏季，从当年生基部叶开始，成熟叶变黄，之后蔓延到枝条顶端。 缺氮严重的嫩叶很小，又带橙、红或紫的颜色（这是由于碳水化合物及花青素的积累），早落。叶柄和叶脉可能呈现红色，叶柄和小枝的角度变小。花芽和花都少，果实小，着色良好，易早熟、早落。树皮呈浅棕至橙黄色，根群生长旺，但纤细，新生根有黄色皮层。 氮肥过多时，果实变小，采前落果增加，果实晚熟且着色差，贮藏性能及硬度均变差
柑橘	初期表现为新梢抽生不正常，枝叶稀少，小叶薄，同时全叶发黄，呈淡绿色至黄色，叶片寿命短而早落。开花少，结果性能差，果小、果少，皮薄且光滑，比正常果早着色；严重缺氮时，树势衰退，叶片脱落，枝梢枯萎，形成光秃树冠，数年难以恢复
杏	树体生长衰弱，叶淡绿色，发黄，小而薄；营养枝短而细；完全花比例少；坐果率低，果小；产量低
梨	叶呈灰绿或黄色，老叶则变为橙、红或紫色。落叶早，花芽及花、果均少，果亦小。但果实着色较好
樱桃	叶淡绿色，较老叶橙色、红色或紫色，早期脱落；花芽、花、果均少；果小且高度着色
荔枝	新梢未能及时抽出或生长量少，叶小，叶色黄化暗绿，叶缘微卷曲，新叶及老叶均易脱落，根少，生长差，根系小，树势弱。严重时叶尖和叶缘出现棕褐色，边缘有枯斑，并向主脉扩展
枇杷	长势弱，生长缓慢，叶色淡，新叶小，枝条基部老叶均匀失绿发黄，枝梢细弱，花芽及果实小。长期缺氮，树势弱，植株矮小，抵抗力差
龙眼	叶色变成淡黄绿色，叶小；到后期叶呈黄绿相间症状，叶的边缘呈黄绿色，靠近叶脉处较绿，最后植株顶部的叶片尖端呈黄褐色病斑，并且逐渐向下扩散；发根极少，呈胡须状，白色，生长停止
猕猴桃	叶色淡绿，叶片薄而小，易早落。枝蔓细短，停止生长早，果实小
葡萄	植株瘦弱，枝蔓短而细，呈红褐色，生长缓慢，严重时停止生长。叶片淡绿或黄绿色，小而薄，老叶先开始褪绿，逐渐向上部发展，早落叶，易早衰。花、芽及果均少，果穗松散，果实小而不成熟，落花、落果严重，花芽分化不良，果粒儿小，产量低；但果树着色可能较好。生长期结束早，易提前落叶

（续）

树种	可见症状
草莓	草莓刚开始缺氮时，特别是生长盛期，叶逐渐由绿色向淡绿色转变，随着缺氮的加重，叶变成黄色，局部枯焦而且比正常叶略小。幼叶随着缺氮程度的增加，叶反而更绿。老叶的叶柄和花萼呈微红色，叶色较淡或呈现锯齿状亮红色，以至老叶片变鲜红色，局部枯焦、出现坏死
李	叶淡绿或灰绿，较老叶橙色、红色或紫色，早期脱落；花芽、花、果均少；果小且高度着色
桃	缺氮初期，当年生枝基部老叶渐渐变为黄绿色，以后呈绿黄色，随即停止生长。正在生长的枝条，则从枝条顶端往下5～10cm逐渐变硬，这些病症发展得很快，如继续缺氮，则由基部开始，逐渐变成黄绿色，同时枝条呈纺锤状，纤细、短而硬，小枝表皮为棕红或紫红色。由于树体中氮素可以转移，它能从成熟的叶或生长较慢的叶中转移到迅速生长的部分，因此，在老的枝条上，症状比较明显。 严重缺氮时，幼叶变黄、变小。这时，从顶部的黄绿叶到基部的红黄叶都发生红棕色或坏死斑点，叶有黄绿、绿黄及红黄等色，叶未成熟即行脱落。花芽形成减少，小枝及芽的抗寒力减弱，果实小，质量差，涩味重，但着色较好，红色品会出现晦暗的颜色。氮素过多时，果实成熟期延迟，红色差
杧果	下部叶片先黄化，黄叶中央、叶尖、叶缘有坏死斑点，提前落叶
香蕉	叶片淡绿或黄绿色，小且薄，叶鞘、叶柄、中肋带红色，叶片抽生慢，中距短；茎秆细弱；果实细而短，梳数少，皮色暗，产量低

表1-4-2 常见果树缺磷的专性症状学

树种	可见症状
苹果	苹果树对磷的反应虽然十分敏感，但其需要量较氮、钾、钙为少，而且树体中可以积累一些磷素，因此，有时土壤中已经开始缺磷而树体仍能正常生长，但如继续缺磷就会呈现缺素症状。 缺磷时，叶稀疏、小而薄，呈暗绿色，叶柄及叶下表面的叶脉呈紫色或紫红色。这一现象在春季或夏季更为明显，这是由于缺磷限制了早期糖的利用，以致形成大量花青素。枝条短小细弱，分枝也显著减少，果实小。 由于磷素在树体内可被再利用，因此缺磷症状首先在新梢基部叶发生。 严重缺磷时，老叶发生黄绿或深绿色斑点，不久叶便脱落。新梢细弱，花芽少，果实小，果树抗寒力差。 苹果幼苗对磷敏感，树体中磷的积累较少，再加上幼苗生长迅速，因此，缺磷症状比结果树更为明显

（续）

树种	可见症状
草莓	缺磷植株生长弱、发育缓慢。叶片暗绿色转青铜色，逐渐发展为紫色
梨	梨比许多一年生作物更能容忍低磷状况，在不施磷肥的土壤上，草莓和蔬菜均已表现缺磷症状，但梨树仍能正常生长和结果。一般在春夏生长较快的枝条几乎都呈紫红色，叶稀疏，小而薄，呈暗绿色，叶柄及叶下表面的叶脉呈紫红色，枝条短而细弱，分枝叶显著减少，果实小。严重缺磷时，叶边缘和叶尖焦枯，叶变小，新梢短，严重时死亡。果实不能正常成熟
桃	磷在树体内可转移，因此，病症多在当年生枝的老叶上发现。初期，老叶与嫩叶均呈暗绿色，易被误认为施氮过多；如果气温低，叶脉及叶柄会呈紫色或古铜色，叶表面也变为古铜色及棕褐色，如果气候继续变冷，叶即呈红或紫色，特别在叶的边缘和叶柄部分，表现格外明显。叶子变棕时，顶叶直立，生长趋势很显著，几乎与枝条呈90°角。叶缘及叶尖向下卷曲，老叶较窄，再隔一定时期，枝条基部叶子出现花斑，逐渐向上扩展。落叶早，叶稀疏。花芽减少，结果很少，果小皮厚，品质差
杏	树体生长缓慢，枝条纤细，叶片小，叶色变成灰褐色，花芽分化不良，坐果率低，产量下降，果实变小
葡萄	植株生长缓慢，萌芽晚且出芽率低；叶片小，叶色暗绿，严重缺磷时叶片呈暗紫色；老叶首先表现症状，叶片变厚、变脆，叶缘先变为金黄色，然后变成淡褐色，继而失绿叶片坏死、干枯；花序柔嫩，花梗细长，落花落果严重，果树发育不良、含糖量低，着色差；产量低；抗寒能力弱
柑橘	树体矮小，春梢少而细，生长缓慢，在节间很短的枝条上着生狭窄的小叶，并多直立。老叶沿主脉及侧脉处具有不规则的绿色条带，其余的组织则呈淡绿色至浅黄色；叶片小而窄，叶色呈现暗绿色，并且有部分枯梢现象；花少，坐果率低；畸形果增加，采前落果增多，果小、皮粗糙、厚、松软，果肉木质素多，果汁少而无味，含酸量增加，含糖量降低
荔枝	新梢生长细弱，叶片变小，色暗绿渐呈棕褐色，叶尖和叶缘皱缩干枯，果实容易脱落，落花落果严重，根系发育不良，使根系伸长性能变差
枇杷	根系和新梢生长减弱，展叶开花迟，叶片小，失去光泽，花器发育不良，坐果率低
草莓	叶色带青铜暗绿色，近叶缘的叶面上呈现紫褐色的斑点，植株生长不良，叶小
龙眼	叶片变大，呈暗绿色，缺少光泽；严重时叶尖、叶缘出现棕褐色，边缘出现枯斑，并且逐渐向主脉扩散

（续）

树种	可见症状
杧果	首先在老叶叶脉间有坏死的褐色斑点，最后布满全叶，叶变黄，随后变紫褐色，干枯脱落
香蕉	新叶抽出缓慢，老叶边缘失绿，继而出现紫色斑点，最后汇合成锯齿状枯斑，叶柄折断

表 1-4-3 常见果树缺钾的专性症状学

树种	可见症状
苹果	轻度缺钾的症状与轻度缺氮极为相似，因为缺钾时，苹果不能有效地利用硝酸盐，使碳水化合物也积累在树体里，所以，叶呈淡黄色，而枝条的黄色也可能加深。 缺钾最明显的症状是叶子发生焦枯现象，叶子呈蓝绿色。轻度或中度缺钾时，只是叶缘焦枯，呈紫黑色（为细胞质溶解区域）；严重缺钾，则整个叶片焦枯。这种现象先从新梢中部或中下部开始，然后向顶端及基部两个方向扩展。叶未焦枯部分，发生皱纹和卷曲，脉间黄化，而叶干枯以后，能挂在枝上很长时间。 随着缺钾症状逐渐严重，新生叶的体积减小。叶在其细胞质溶解前，钾可从受害病叶转移到正在生长的部分和新叶中，由于钾能运转和再利用，故轻度缺钾的枝叶能正常生长。中度缺钾的树，会形成许多小花芽，结出小的和着色差的果实
樱桃	叶片呈青绿色，叶缘可能与中脉呈平行卷曲，出现褪绿，随后灼烧或坏死
葡萄	叶片小而少，新梢减少，新梢中部叶片的叶缘和叶脉间失绿，并逐渐发黄，由边缘向中间枯焦、扭曲，严重时出现褐色坏死斑，叶片质脆易脱落。枝蔓木质部不发达，脆而易断，果柄变褐，果粒萎缩或开裂，成熟不整齐，粒小而少，穗紧，产量降低，着色不良，糖低味酸，品质差；植株抗寒抗旱力弱
桃	桃树易发生缺钾症状，缺钾早期症状是当年生新梢中部叶片变皱且卷曲，随后坏死，症状叶片发展为裂痕，开裂，呈淡红或紫红色，叶片脱落或不脱落；从底叶到顶叶逐渐严重。小枝纤细，花芽少。严重缺钾时，老叶主脉接近皱缩，叶缘或近叶缘处出现环死，形成不规则边缘和穿孔；随着叶片症状的出现，新梢变细、花芽减少，果型小并早落。桃树结果过多时，叶片中钾的含量降低，如在 7 月初。若叶片钾的含量低于 1% 时，即可见到缺钾症状

（续）

树种	可见症状
桃	果园中缺钾，除土壤中含钾量少外，其他元素缺乏或相互作用也能引起缺钾。桃树缺钾容易遭受冻害或旱害，但施钾肥后常引起缺镁症，若钾肥过多，还会引起缺硼
梨	轻度或中度缺钾时，只是叶缘焦枯；严重缺钾时，则整个叶片焦枯。这种现象先从新梢中部或中下部开始，然后向顶端及基部两个方向扩展。叶未焦枯部分，发生皱纹和卷曲，脉间黄化，而叶干枯以后，能挂在枝上很长时间。注意有症状的叶位，如果是中部叶和下部叶可能是缺钾。如果是同样症状出现在上部叶有可能是缺钙。缺钾枯焦边缘与绿色部分清晰，不枯焦部分仍能正常生长
草莓	开始缺钾的症状常发生于新成熟的上部叶片。叶中脉周围呈青绿色，同时叶缘灼伤或坏死；叶柄变紫色，继而发展为灼伤，随后坏死，还在大多数叶片的叶脉之间向中心发展，老叶片受害严重。光照会加重叶片灼伤，所以缺钾常与日灼相混淆
柑橘	老叶叶尖首先发黄，叶片略皱缩，随着缺钾程度加重叶片逐渐卷曲、皱缩而呈杯状；新叶一般为正常绿色，但果后期当年生叶片叶尖明显发黄。树体生长缓慢，新梢数量减少，枝条上叶片数量减少，枝条枯死，叶片主脉和侧脉黄化，向阳面的叶片容易出现日灼现象，花期后期出现大量落花；坐果率低，产量下降，果小，着色不好，果汁味淡。皮薄光滑，裂果和皱皮果增多
荔枝	叶片大小近似于正常，与正常时差异不大，色稍淡，叶尖灰白，枯焦，叶缘棕褐色，逐渐沿小叶边缘向小叶基部扩展，边缘弯曲有枯斑；抽梢后大量落叶中脉两旁有平行小枯斑。根系不发达。老叶尖端叶缘发黄或变褐、干枯直至烧焦状，黄化向脉间扩展，呈现褐色斑点
龙眼	叶片变小，生长缓慢，逐渐出现落叶；新根发根能力差，初期在侧根上尚可长出少量的"胡须根"，后期则停止发新根，原来生长的主、侧根变成弯曲状
杧果	叶片小而薄，首先在老叶叶缘出现黄色小斑，之后枯斑沿叶缘呈"V"形向叶基扩展，叶仍保留带绿色的"△"区，叶不易脱落
李	叶片呈青绿色，进而叶缘可能与中脉呈平行卷曲，褪绿，随后灼伤或坏死
香蕉	叶片折，果实早黄，老叶失绿，中肋弯曲，叶片向叶基反向卷曲

表 1 - 4 - 4 常见果树缺钙的专性症状学

树种	可见症状
苹果	首先反应在根系上，新根过早地停止生长，根系短而有所膨大，有强烈分生新根的现象。其过程是根尖停止生长，但皮层继续加厚，根尖附近出现很多幼根，新生幼根从根尖向后逐渐枯死，而枯死部分之后又长出许多新根，这种根系强烈分生新根的现象是果树缺钙的标志。 果树轻度缺钙时，地上部分往往不出现症状，但果树生长减缓。幼苗缺钙，植株最多长到 30cm 左右即形成顶芽，这些植株的叶可能不表现出症状，但叶片数减少。 成龄树缺钙，在小枝的嫩叶上先发生褪色及坏死斑点，叶边缘及叶尖有时向下卷曲，褪色部分颜色先呈黄绿色，1～2d 内变成暗褐色。这种现象还会蔓延到比较老的叶子上。除新生叶稍小外，缺钙对叶子大小的影响不大。 由于钙果树生长期间，不能被再利用，因此缺钙症状首先在嫩叶上表现出来。缺钙时，果实也会发生各种缺钙病害，如苦痘病、水心病、痘斑病等
梨	幼根的根尖生长停滞或枯死，在近根尖处生出许多新根，形成粗短且多分枝的根群，这些是缺钙的典型特征。 新梢生长到 30cm 以上时，顶部幼叶边缘或近中脉处出现淡绿或棕黄色的褪绿斑，经 2～3d 变成棕褐色或绿褐色焦枯状，有时叶和焦边向下卷曲。此症状可逐渐向下部叶片扩展。 果实近成熟期可发生苦痘病，果面上出现圆形、稍凹陷的变色斑（绿色或黄色果面处呈浓绿色，红色果面处呈暗红色），变色斑直径 2～5mm，在果肉处深约 5mm，海绵色、褐色、味苦。果实上也可发生痘斑病，果面上出现许多以果点为中心直径 1～2mm 并其紫红色晕的斑点。 叶部症状只发生在顶部幼叶，如果中部出现类似症状，则可能是缺乏其他元素。顶部幼叶萎缩枯死，有可能是缺硼，但缺硼一般不会突然枯死。在叶片出现症状的同时，根部出现枯死，并形成粗短多分枝的根群
桃	缺钙时，嫩叶都先沿中脉及叶尖产生红棕色或深褐色坏死区，这些区扩大后，出现两种形式，第一种形式是由枝条基部及顶端开始落叶，小枝上只保留一些很短的枯梢，第二种形式是缺钙严重时，症状较轻时顶端生长减少，老叶的大小和正常叶相当，但幼叶较正常叶小，叶色浓绿，无任何褪绿现象，之后，幼叶中央部位呈现大型褪绿、坏死斑块，侧短枝和新梢尤为明显，在主脉两边组织有大型特征性坏死斑点，顶部枝梢幼叶由叶尖及叶缘或沿中脉干枯。老叶接着出现边缘褪绿和破损，最后叶片从梢端脱落，发生梢端顶枯

（续）

树种	可见症状
桃	严重缺钙时，枝条尖端以及嫩叶火烧般坏死，并迅速向下部枝条发展，致使许多小枝完全死亡，甚至一些较大的枝条也同样死去。每个小枝上，叶片坏死和褪色的情况与第一种形式相似。 果园缺钙可削弱桃根的生长，主要表现在幼根的根尖生长停滞而皮层仍继续加厚，在近根尖处生许多新根；根短、呈球根状，出现少量线状根后回枯；严重缺钙时，幼根逐渐死亡，在死根附近又长许多新根，形成粗短多分枝的根群。 地上部分缺钙症状比苹果出现较早，如果春季或迅速生长期缺钙，则顶梢上的幼叶从尖端或中脉坏死，如果不是在迅速生长期缺钙，地上部不发生坏死，但根受到一定的伤害。如在生育后期或春季生长了一两个月以后缺钙，许多枝条会异常粗短，顶叶深棕绿色，大型叶片多，花芽形成早，茎上皮孔涨大，叶片纵卷。叶片纵卷是缺钙的特征之一
柑橘	夏末秋初春梢叶先由叶尖发黄，后向叶缘扩展，叶片比健叶狭长、畸形，随着病情加剧，黄化区域扩大，出现大量枯梢落叶现象；新梢生长受阻，梢短树矮，根系生长细弱，易发生根腐病，落果严重，果小畸形、汁胞皱缩等，成熟期推迟，果皮薄，易裂果
荔枝	叶片变小，沿小叶边缘出现枯斑，造成叶边缘弯曲，当新梢抽生后即大量落叶，中脉两旁出现几乎呈平行分布的细小枯斑，严重时枯斑增大，并连成斑块，新梢生长后即落叶。根量明显减少，根系生长不良，易引起裂果
龙眼	新梢部分的嫩叶叶尖出现淡棕色斑驳，并且向叶背弯曲，逐渐下垂枯萎；细根呈灰黑色、支根逐渐腐烂，主根通常呈球状突起
杧果	顶部叶片先黄化，主脉出现褐色灼伤状，易皱缩，易破裂脱落
葡萄	顶端幼叶皱缩，边缘和叶脉间褪绿，呈淡绿色，有灰褐色坏死斑，近边缘有针头大小的坏死斑；茎蔓尖有枯死现象；卷须枯死；新根短促而弯曲，尖端容易变褐枯死。果实易脱落、腐烂，硬度低，不耐储藏
草莓	叶尖及叶缘呈烧伤状，叶脉尖褪绿及变脆。 幼叶可能枯死，或仅小叶和小叶的一部分受害，有时在小叶近基部呈明显红褐色。地上部受害前根部先受害，从根尖回枯；接着在死根后部发出新生细根，全部根系由短根组成
香蕉	幼叶侧脉变粗，靠近叶肋的侧脉先失绿，接着靠近叶尖的叶缘间失绿，还表现为抽生新叶仅有中肋而叶片缺刻

表 1 - 4 - 5　常见果树缺镁的专性症状学

树种	可见症状
苹果	缺镁的症状比较特殊，在缺镁初期，叶片还未出现坏死，好像氮素过量的症状，表现为深绿色。 　　幼龄苹果树，植株顶部嫩叶逐渐失绿，之后，新梢基部成熟叶的叶脉间出现淡绿或灰绿色斑点，这些斑点很快就扩展到叶边缘，几小时后，叶即变为淡褐色至深褐色，1～2d 后即卷缩脱落。落叶从老叶开始，之后迅速扩展到顶端，最后只剩下薄而淡绿的叶。 　　镁在植物体内能够再利用，因此，在严重落叶的树上，仍能继续生长。 　　成龄树缺镁多在 7－8 月显示出来，病叶不像幼龄树那么容易脱落，短果枝和新梢上的叶都可能发生坏死斑点。枝条细弱易弯，严重的在冬季还可发生梢枯。 　　果实不能正常成熟，果小，着色差，无香味
樱桃	较老叶片叶脉间褪绿，随之坏死；叶缘常常是首先发病的部位，紫色、红色和橙色线晕先行坏死，早期落叶
葡萄	症状从老叶开始，逐渐向上延伸。先是老叶脉间褪绿，接着叶脉间发展成带状黄化斑块，大多数叶片内部向叶缘扩展，逐渐黄化，最后叶肉组织黄褐色坏死，仅剩下叶脉保持绿色，坏死的叶肉组织与绿色的叶脉界限分明，呈网状失绿；绿色品种的叶脉间变为黄色，而叶脉的边缘保持绿色；黑色品种叶脉间呈红到褐红（或紫）色斑，叶脉和叶的边缘均保持绿色。新梢顶端呈水浸状，中、下部叶片早期脱落；坐果率和果粒重下降，产量降低；果实着色不良，成熟晚，含糖量低，品质下降。葡萄缺镁症状多发生在后期，叶片皱缩，蔓茎中部叶片脱落，使枝条中部光秃
桃	和苹果相似，桃树缺镁多与施用钾、钠较多有关，并不一定是镁的供应不足。虽然镁在桃树内可以进行运转及被重新利用，但是，上部和基部几乎同时可见缺素症状。缺镁初期，成熟叶呈深绿色，有时呈蓝绿色，正在生长的小枝顶端叶片有时表现轻微缺绿，之后形成的叶比较薄，其叶面积还不致受影响。生长期缺镁，当年生枝基叶出现坏死区，呈深绿色水浸状斑纹，具有紫红边缘。坏死区几小时内可变成灰白至浅绿色，然后成为淡黄棕色，遇雨立即变为棕褐色，几天之内即凋落。落叶严重，可达全树的一半，老叶边缘也会失绿。小枝柔韧，这种树常在第一年冬季死亡。成年桃树缺镁，花芽形成大为减少
梨	老叶失绿，上部叶显深棕色。顶部新梢的叶片出现坏死斑点，比苹果叶上的坏死区要窄一些，叶缘仍为绿色。严重缺素时，从新梢基部开始的叶片脱落，其他和苹果缺镁相似。 　　缺镁时幼龄树植株顶端嫩叶逐渐失绿，之后新梢基部成熟叶的叶脉间出

（续）

树种	可见症状
梨	现淡绿色或灰绿色斑点。落叶从老叶开始，之后迅速扩展到顶端，最后只剩下薄而淡绿的叶。成龄树病叶不像幼龄树那么容易脱落，短果枝和新梢上的叶都可能发生坏死斑点，枝条细弱易弯，严重时冬季还可能发生枯梢，果实不能正常成熟，果小、着色差，无香味。缺镁与缺钾症相似，区别在于缺镁是从叶内侧失绿，缺钾则是从叶缘开始失绿
柑橘	果实附近的叶片和老叶首先出现症状。缺镁初期，叶片先沿叶脉两侧产生不规则的黄色斑块，逐渐向两侧扩展，使叶脉呈肋骨状黄化，后期老叶大部分黄化，仅叶尖处及主脉绿色，成叶基部残留三角形绿色部，呈明显倒"V"形。严重时全叶变黄，遇不良条件易脱落，落叶枝条常在翌年春天枯死。症状全年均可发生，以夏末或果实近成熟期易发生
荔枝	首先从下部叶片开始，叶片小，脉间失绿，叶片中脉两边出现近似平行的细小枯斑。老叶脉间有褪绿黄化斑点，后扩展到叶缘，病斑呈黄褐色，叶片脱落，严重时，斑点扩大，连成斑块。每次新梢生长都有落叶现象，根系不发达，花和果实发育不良
龙眼	叶片变小，逐渐失绿，先是叶片呈黄绿相间斑驳（靠近叶脉处呈浓绿，叶脉间呈黄绿色），继而黄化症向内扩散，最后新生出的叶片呈花叶状，并且稍向叶背卷曲；根部表现为，从根颈部长出白色粗而短的肉质根，不再分枝；到了后期，老根逐渐腐烂，仅能从根颈处再发出粗短的肉质根，但数量很少
草莓	较老叶片叶缘褪绿，有时在叶片上或叶缘周围出现黄晕或红晕
李	较老叶片褪绿，从近叶缘或叶脉间开始发生
香蕉	叶缘向中肋渐渐变黄，叶序改变，叶鞘边缘坏死散把

表 1-4-6 常见果树缺锌的专性症状学

树种	可见症状
苹果	缺锌最明显的症状是簇叶（又叫小叶病），即在春季新梢顶端轮生着一些小而硬、有时呈花斑的叶，新梢的其他部位可能很长时间没有叶片（俗称光腿现象）；之后，在受害枝的下部长出新的嫩枝，开始可形成正常的叶片；再后，变得窄长，产生花斑；受害的第一年后，小枝可能稍枯。缺锌使花芽减少，果实小、畸形、发育差。在缺锌不太严重时，枝条生长一段时间后，顶端可能生成失绿的或有杂色的较大簇叶，形成簇叶前，长出的绝大多数叶片全都脱落，枝条细而短，受害枝下面还能长出具有正常叶片的嫩枝

（续）

树种	可见症状
梨	最典型的症状是小叶病，即春季新梢顶端生长一些狭小而硬、叶呈黄绿色的簇生叶，而新梢其他部位较长时间没有叶片生出，或中、下部叶片尖和叶缘变褐焦枯，从下而上早落，形成光腿现象。也有从顶端下部另发新枝，但仍表现节间短，叶细小。花芽减少，花朵少而色淡，不易坐果。老树根系有腐烂，树冠稀疏不能扩展，产量很低
桃	典型的缺锌是小叶病。夏末，叶片上开始出现失绿斑点，从基部到顶部逐渐扩展，如不及时施锌，翌年春天或夏初，叶开始褪色，叶脉间先呈黄绿，叶成熟时变为淡黄色，1有的叶发生紫红花斑，很多叶出现环死斑后，早落，落叶从枝条上半部开始，之后，除顶端几片叶外，几乎全部脱落。缺锌后，小枝短，枝顶可生出失绿、狭窄的皱缩叶；病情严重时，枝顶小叶形成簇状，质硬、无叶柄。在发育受抑制的枝下面，能生成新的小枝，这种枝条翌年开始生长较迟。未能长出叶的小枝有顶端枯死现象。整株果树在3～4年内也会死亡。花芽生长受到强烈抑制，果少而畸形，品质极差
葡萄	小叶、小果是葡萄缺锌的主要特征。其他症状主要有新梢节间短，顶端呈明显小叶丛生状；枝条下部叶片常有斑驳或黄化现象，叶脉间的叶肉黄化；叶片呈斑状失绿；枝条纤细，严重时死亡；花芽分化不良，坐果差，落花落果严重；果穗松散，果小无核，常常绿且硬，产量显著下降
柑橘	枝梢生长受阻，新梢纤细，节间变短，呈直立的矮丛状，严重时小枝枯死。叶片窄小，直立，呈丛生状，也称小叶病；叶肉褪绿，黄绿相间，叶脉间呈黄色斑驳，初为花叶；严重时叶片呈淡黄至白色，叶片易落。 柑橘缺锌与缺锰症状有时易混淆，但可以区分。其主要区别是：缺锌叶片的褪绿部分颜色很黄，而缺锰的褪绿部分则带有绿色；缺锌的嫩叶小而狭，而缺锰的叶片则大小和形状基本正常；缺锌的老叶症状较不明显，缺锰的则老叶明显表现症状
荔枝	新叶脉间失绿黄化，新梢间缩短，小叶密生，小枝簇状丛生。叶上还出现黄色斑点。脉间失绿和顶枯
草莓	草莓缺锌时，老叶变窄，特别是基部叶片缺锌越严重，窄叶部分越伸长；但缺锌不发生坏死现象。严重缺锌时，新叶黄化，叶脉微红，叶片边缘有明显锯齿形边；结果少
龙眼	叶片带有黄色斑点，叶缘扭曲，可以引起小叶病
杧果	叶片长而细，簇生小叶，叶片褪绿不匀，易碎和皱缩

树种	可见症状
香蕉	首先发生在幼叶上，出现白条带，约1cm宽，与新叶叶脉平行，随着缺锌程度加重，新叶变窄，果穗小且变形

表1-4-7 常见果树缺硼的专性症状学

树种	可见症状
苹果	由于硼在树体内不积累也不运转，因此，缺硼症状非常明显。缺硼首先表现在根尖上，根系细胞分化和伸长受到影响。 　　对苹果的枝条和叶片则有几种类型：（1）枯梢：早春刚开始生长时，会发生梢枯。到夏末，新梢上的叶片呈棕色，而叶柄呈红色，整个叶片呈凸起或扭曲。在叶的尖端及边缘处出现坏死区域。典型症状是枝条顶端的韧皮部及形成层中呈现细小的坏死区域，这种类型的坏死，常见于叶腋下面的组织，再扩大就使新梢从顶端往下发生枯死。（2）鬼帚：春天，看起来正常的芽停止生长，或生长得很慢，不久即死亡，受害枝逐渐死亡，之后，紧靠着死亡部分下面的侧芽长出许多不正常的细枝，这些细枝又迅速死亡，刺激其他萌发枝的发育，以致形成扫帚状。这种类型的缺硼树可在几年之内整株死亡。（3）簇叶：在早春或夏末发生梢枯以后，从不正常的短节上，长出非常细小、较厚和易脆的叶片，它们多半发育不全，叶缘平滑无锯齿。 　　缺硼的果实，可在落花后两周直到采前任意时间内，在果肉内任何部分形成"内木栓层"。最初在果肉内显出水浸状区域，之后，很快变成褐色溃疡，干后形成木栓，如病症早期发生，受害果畸形、早落。如果晚期发生，则果实不畸形，但果肉内有较大褐色溃疡。成熟果的褐色溃疡部分有苦味。果实发育初期还可形成外木栓层，最初在幼果皮上呈水浸状坏死区域，这一现象可发生在果皮的任一部位，但是，以绿色部分更为突出，这种溃疡逐渐变硬，呈褐色，之后，由于果实的生长使果皮发生裂缝及皱缩，并形成薄层粉霜，这种果实可能很早脱落，或者仍挂在枝上。轻病果可有正常大小。 　　缺硼的苹果树树皮也可能表现出症状，出现病痕。 　　由于硼在树体内不能积累又不能转移的这种性质，决定了在苹果整个生长周期内需源源不断地供给硼，这也就是为什么在极度缺硼的地区，土壤施硼比喷硼更为有效的道理。由于这个性质，苹果树会随时发生缺硼症状。 　　另外，因为硼的有效性受多种因子影响，因此，每年在同一地块的树体，也会发生不同的症状。植物在表现出缺硼症状以前，还有潜在缺乏的现象，这时喷硼或土壤施硼，均有良好反应

（续）

树种	可见症状
杏	杏树硼缺乏小枝顶端枯死。叶呈抹刀形，小而窄，卷曲，尖端坏死，脆，脉间失绿。果肉中有褐色损伤，核的附近更严重。 杏树硼素过多最明显的症状是一年生和二年生枝显著增长，节间缩短，并出现胶状物。一年生和二年生枝严重裂皮脱落。夏天有许多枝梢枯死，顶叶变黑脱落。小枝、叶柄、主脉的背面表皮层也均出现溃疡。坐果率低，果实大小、形状和色泽正常，但早熟。少数小而形状不规则的果实果面，有似疮痂病的疙瘩，然而成熟时可脱落
樱桃	春季出现顶枯，枝梢顶部变短。叶窄小，锯齿不规则。虽然有时能形成花芽，但不开花结实
葡萄	葡萄早期缺硼的症状，是幼叶呈扩散的黄色或失绿，顶端卷须产生褐色的水浸区域，离枝条顶端的第三或第四片叶呈杯状。 缺硼时，叶或生长部分的症状是：（1）生长点死亡，接着在顶端附近，发出许多小的侧枝，未成熟的枝条往往出现裂缝或组织损失；（2）枝蔓节间变短，易脆折，植株矮小，副梢生长弱；（3）叶子的边缘和叶脉间开始失绿或坏死，几乎成为白色，有些品种之后转为红色；（4）幼叶畸形，出现油浸状白斑，叶中脉木栓化变褐，叶肉皱缩，叶面凹凸不平，老叶肥厚，像背面反卷，叶缘出现失绿黄斑，严重时叶缘焦枯；（5）卷须出现坏死部分；（6）茎的顶端肿胀，有时出现破裂或损伤，未成熟的茎会出现裂缝或组织损伤，这些肿胀的部分出现内木栓层；（7）花序干缩，花粉管发育不良，花蕾不能正常开放，花冠不脱落或落花落果严重，不坐果或坐果少，果穗小，无籽小果增多，产量、品质下降。干旱年份特别是花期前后的干旱年份缺硼症状十分明显。 叶缺硼的症状主要在花前两周到花后两周出现，多呈现在离顶端的第五或第六片叶上，之后，如果土壤湿度充足，从侧芽会长出许多旺枝把失绿叶遮住，看起来失绿叶是在基部，实际是在蔓的顶部，显然，缺硼症状只能在缺硼的新生组织里显出
桃	桃树缺硼时，幼叶发病。发病初期，顶芽停长，幼叶黄绿，其叶尖、叶缘或叶基出现枯焦，并逐渐向叶片内部发展。发病后期，病叶凸起、扭曲甚至坏死早落；新生小叶厚而脆，畸形，叶脉变红，叶片簇生；新梢顶枯，并从枯死部位下方长出许多侧枝，呈丛枝状。 花期缺硼会引起花粉少，授粉受精不良，从而导致大量落花，坐果率低，甚至出现缩果症状，果实变小，果面凹陷、皱缩或变形。因此，桃树缺硼症又称缩果病。缩果病有两种类型，一种是果面上病斑坏死后，木栓化变成干斑；另一种是果面上病斑呈水浸状，随后果肉褐变为海绵状；病重时，有采

（续）

树种	可见症状
桃	前裂果现象，主要表现在果实近核处发生褐色木栓区，常会沿缝线裂开，果实表面出现粒状木栓组织，有分泌物，果畸形，直至成熟不易脱落。 硼过多时，叶子小，主肋背面有坏死斑，一、二年生枝上有溃疡。严重时，叶子变黄、早落
梨	侧枝普遍顶枯。叶片稀少，症状小枝上的叶片通常变为暗色，不易脱落。顶枯下方的新梢或枯死，或呈丛生状。 开花不正常，坐果很少。 果实裂果，果面有污斑，果肉失水，坚韧，萼端通常有石细胞，缺乏风味。果实转黄不一致且早熟。果肉变褐，木栓化，组织坏死，果实表面凹凸不平，味苦。症状因品种而异。果实香味差，经常是未成熟即变黄，变黄程度参差不齐。树皮出现溃烂
草莓	叶片短缩，呈杯状，畸形，有皱纹，叶缘褐色。随着缺硼加重，老叶叶脉失绿或向上卷曲。茎蔓发育缓慢。根量稀少。花小，授粉和结实率低，果实畸形或呈瘤状或变扁，果小种子密，果品质量差
李	缺硼或硼素过多时，果实中会出现充满胶状物的空穴，症状的出现决定于气候。多硼时，节肿胀，新枝枯死，在二年生枝上的短枝，生长缓慢，这种枝上的成熟叶仅有 2cm 长。树皮和一、二年生枝裂皮，向上卷，嫩皮脱落，不流胶。叶粗糙，中肋变厚，接近组织处为古铜色，沿中脉背面常出现小且浅棕色的溃疡，畸形小叶中脉附近出现坏死斑点，最后叶脱落，有些叶的边缘向上卷曲。果实形状正常，但果个小，比正常果早熟
柑橘	叶出现透明状、水浸状斑驳或斑点，并出现畸形；成熟叶和老叶的主脉和侧脉变黄，严重时叶主脉、侧脉肿大变粗、破裂、木栓化，失去光泽，易脱落；幼果果皮有时表现干枯、变黑，海绵层破裂流胶，果实大量脱落，产量低；残留的果实小，坚硬，果实枯水，果汁少，内部具赤褐色病斑，果皮厚、畸形，种子败育，含糖量低，风味差
荔枝	植株初期生长顶端生长慢，根系不发达，树体糖类运输受阻，新梢顶部易受害，侧芽大量着生，叶片生长发育不正常，叶小肥厚又畸形，叶黄化卷缩发暗，幼嫩生长中心不规则，有黄色斑点，影响开花受精，降低坐果率和产量，果穗不实明显
杧果	有轻重不一的褪绿现象，并出现坏死斑点和斑块；有簇叶，叶小，顶芽易枯死，叶厚，叶脉肿胀
香蕉	幼叶出现与主脉垂直的条纹，随着缺素的发展，叶片由于发育不完全而成为畸形。在极端缺硼时，植株甚至由于不长新叶而生长点死亡。果穗畸形，蕉果易脆

表1-4-8　常见果树缺锰的专性症状学

树种	可见症状
苹果	缺锰苹果的叶呈等腰三角形，从叶子边缘开始失绿，失绿部分沿中肋和主脉显出一条宽度不等的绿边（这种失绿很容易与缺铁失绿区别开来，因为缺铁失绿，是从顶端叶子开始，而它与缺镁失绿的区别是后者的绿色带较宽）。之后，失绿面积扩展到叶的中脉，在失绿区看不到细脉。缺锰严重的，可使全部叶子黄化，但顶梢新生叶仍为绿色，此时，缺锰和缺铁的失绿难以辨认。虽然两者都可因土壤高碳酸钙含量而失绿，但由于铁、锰离子拮抗，故很少同时并发两种缺素。 缺锰较轻的，不影响生长和结果。但严重缺锰会影响光合作用的强度，导致叶少，生长弱或停止生长，以及产量降低。 锰过多时，苹果树皮会发生疹状病；一般在酸性土壤和部分中性土壤中易发生
柑橘	幼叶淡绿色并呈现细小网纹，随叶片老化而网纹变为深绿色，脉间浅绿色，在主脉和侧脉现不规则深色条带，严重时叶脉间现不透明白色斑点，呈灰白色或灰色，病斑枯死，细小枝条死亡。缺锰叶片大小和形状一般不发生变化
荔枝	叶绿素不易形成，叶片呈现失绿症状，尤其表现在新叶上，叶间出现坏死斑点，叶脉深绿色肋骨状，严重时会引起植株大量落叶
梨	梨缺锰时，叶脉间失绿，呈浅绿色，杂有斑点，从叶缘向中脉发展。严重时脉间变褐，并坏死，叶片全部为黄色。有些果树的症状并不限于新梢、幼叶，也可出现在中、上老叶上。前期失绿与缺镁相似。缺镁失绿先从基部叶开始，缺锰失绿则是从中部叶开始，往上下两个方向扩展。叶片失绿后，沿中脉显示一条绿带，缺镁的比缺锰的宽。严重缺锰时，连同叶脉全叶变黄；而缺镁的叶脉仍为绿色。缺锰后期的叶片症状与缺铁症状很相似，主要区别在新生叶。新生叶不失绿者为缺锰，新生叶失绿者为缺铁。缺铁症的叶片是自上而下渐轻，而缺锰则是自上向下渐重。 梨锰过量叶缘失绿，树干内皮坏死，表皮粗糙
桃	桃缺锰时新梢生长矮化直至死亡。新梢上部叶片初期叶缘色呈浅绿色，并逐渐扩展至脉间失绿，呈绿色网纹状；后期仅中脉保持绿色，叶片大部黄化，呈黄白色。缺锰较轻时，叶片一般不萎蔫，严重时，叶片叶脉间出现褐色坏死斑，甚至发生早期落叶。 开花少，结果少，果实着色不好，品质差，重者有裂果现象
李	脉间失绿，从叶缘开始，一直扩展到全叶，叶柔软，失绿现象能发展到全树

（续）

树种	可见症状
梨	缺锰时，叶从边缘开始失绿，脉间轻微失绿，叶脉绿色。这种症状在树上表现比较普遍，但顶梢的叶子仍保持为绿色，顶梢生长量受阻
葡萄	症状首先表现在幼叶，叶脉间的组织褪绿黄化，最初在主脉和侧脉间出现淡绿色至黄色，黄化面积扩大时，大部分叶片在主脉之间失绿，而侧脉之间仍保持绿色。与缺镁黄化症状不同的是褪绿部分与绿色部分界限不清晰，也不出现变褐枯死现象。严重缺锰时，新梢、叶片生长缓慢，果实成熟晚，在红葡萄品种的果穗中常夹生部分绿色果粒

表 1-4-9　常见果树缺铁的专性症状学

树种	可见症状
苹果	苹果缺铁，新梢顶端叶子先变为黄白色，之后向下扩展，但叶片上无斑点。缺铁的叶子只有主脉和细脉附近保持绿色，其他部分均被漂白，叶子维管系统的网纹组织，在灰黄的底色下，呈现鲜明的绿色，有时细脉也会失绿。缺铁严重时，叶子边缘干枯，变成褐色而死亡。新梢生长受阻，有时发生梢枯
梨	梨的缺铁症状和苹果相似，最先在新梢顶部的叶片和短枝最嫩叶的叶脉间开始失绿，而主脉和侧脉仍保持绿色。缺铁严重时，叶变成柠檬黄色，再逐渐变白，而且有褐色不规则的坏死斑点。在树上普遍表现缺铁症状时，枝条细，发育不良，节间延长，腋芽不充实，并可能出现梢枯。梨比苹果更易因石灰过多而导致缺铁失绿。梨树缺铁从幼苗到成龄的各个阶段都可发生。 缺铁与缺锰症状相似，可根据叶脉的深浅判断，叶脉深绿则缺锰，其色较浅为缺铁；新生叶不失绿是缺铁，新生叶失绿变黄白色为缺铁。缺锰失绿从中部叶片开始，而缺铁失绿从顶端新叶开始
桃	叶脉间的部分变为淡黄或白色，叶脉仍为绿色，病重时叶脉也变为黄色，叶子会发生褐黄坏死斑，早落。新梢枯死。 新梢节间短，发枝力弱。严重缺铁时，新梢顶端枯死。 新梢顶端的嫩叶变黄，叶脉两侧及下部老叶仍为绿色，后随新梢长大全树新梢顶端嫩叶严重失绿，叶脉现淡绿色，全叶变为黄白色，并出现褐色坏死斑。一般 6-7 月病情严重，新梢中上部叶变小早落或呈光秃状。7-8 月雨季病情趋缓，新梢顶端可抽出少量失绿新叶。花芽不饱满。果实品质变差，产量下降。数年后树冠稀疏，树势衰弱，致全树死亡

（续）

树种	可见症状
柑橘	一般嫩梢的叶片变薄黄化，呈淡绿至黄白色，叶脉绿色，在黄化叶片上出现清晰的绿色网纹，尤以小枝顶端的叶片更为明显。病株枝条纤弱，幼枝叶片容易脱落，常仅存稀疏的叶片。小枝叶片脱落后，下部较大的枝上才长出正常的枝叶，但顶枝陆续死亡。发病严重时全株叶片均变为橙黄色（温州蜜柑、橙类表现更明显），此时结果很少，易出现畸形果，果皮发黄，汁少味淡
荔枝	新梢叶失绿似漂白。同一枝梢上叶的症状自上而下加重；叶脉绿色，且与叶肉界限清晰呈网状花纹。一般是嫩叶失绿，逐步扩展到老叶，最后顶枯
龙眼	引起黄叶病，白色增强，不发生坏死，顶端幼叶缺绿，心叶白化
草莓	草莓缺铁普遍发生在夏秋季，新叶叶肉褪绿变黄，无光泽，叶脉及叶脉边缘失绿（脉间失绿），叶小、薄。严重的变为苍白色，叶缘灰褐色枯死
葡萄	葡萄缺铁时根系发育不良，新梢生长明显减少，花穗及穗轴变为浅黄色，坐果少。易落花落果，坐果率低，果实色浅、粒小，基部果实发育不良。 叶的症状最初出现在迅速展开的幼叶，叶脉间黄化，叶呈鲜黄色，具绿色脉网，也包括很少的叶脉。当缺铁严重时，更多的叶面变黄，甚至变白色。叶片严重褪绿部位常变褐色和坏死。与缺镁失绿所不同的是，缺铁失绿首先表现在新叶上

表1-4-10　常见果树缺铜的专性症状学

树种	可见症状
苹果	缺铜时，顶梢在旺盛生长以后开始梢枯，其叶片出现坏死斑和褐色区域，接着枝条顶端死亡、凋萎，翌年在死亡的生长点下面又长出枝条，然后接着梢枯，如此反复几年以后，使树形成丛状，生长受阻
梨	缺铜时，顶梢上的叶及当年生枝从生长点附近凋萎死亡，第二年，从枯死部分下面长出一个或更多的枝条，开始尚能正常生长，但以后，又发生梢枯。缺铜严重的，枝条生长受阻，叶小，不结果，而且由于反复的梢枯和长出新的枝条，形成刷子一样的鬼帚

（续）

树种	可见症状
桃	缺铜的第一个症状就是具有不正常的暗绿色叶子。缺铜严重时，叶子在细脉间成为黄绿色，如同在白绿底色上的绿色网纹。尖端的叶子畸形，窄而长，边缘不规则，顶梢从尖端开始枯死，顶部生长停止，顶梢上形成簇状叶，并有很多不定芽开始生长
杏	顶梢从尖端梢枯，生长停止，顶梢上生成簇状叶，并有许多芽萌发生长
柑橘	叶片大，颜色呈现深绿色，有的叶形不规则，主脉弯曲，腋芽容易枯死，在树枝上出现不规则的凸起，凸起的皮层中充满胶状物，胶状物呈现淡黄色、红色、褐色，最后到黑色。新梢萌发纤弱短小，节间缩短，叶片有时扭曲。 柑橘缺铜幼叶先表现明显症状，幼枝长而软弱。上部扭曲下垂或呈 S 形，之后顶端枯死。嫩叶变大，呈深绿色，叶面凹凸不平，叶脉弯曲呈弓形，之后老叶亦较大而呈深绿色，略呈畸形。严重缺铜时，从病枝一处能长出许多柔嫩细枝，形成丛枝，长至数厘米，从顶端向下枯死，果实常晚于枝条表现症状。轻度缺铜时果面上只生出许多大小不一的褐色斑点，后斑点变为黑色。严重缺铜时，病树不结果，或结的果小，显著畸形，淡黄色。果皮光滑增厚，幼果常纵裂或横裂而脱落，其果皮和中轴以及嫩枝有流胶现象。缺铜特别严重时，病株呈枯死状态，大枝上萌发特大而软弱的嫩枝，这些嫩枝很快又表现上述症状。根群大量死亡，有的出现流胶
荔枝	叶片缺乏紧张度、失绿，生长显著减缓，幼叶褪绿畸形并叶尖顶枯，树皮开裂，有胶状物流出，呈水疱状。叶片卷曲，嫩叶死亡
龙眼	顶端枯萎，裂果，节间缩短，花色发生褪色，可以引起枯枝病
杧果	嫩叶和中部叶片从叶尖开始失去紧张度，逐渐扩展到叶基，叶尖开始干枯，叶尖和叶缘出现坏死斑点，叶片内卷，叶尖常形成钩状，节间缩短，茎生长几乎停止，稍后，主茎萎缩，产生许多腋芽，形成腋枝，腋枝上的叶片小且失绿
李	早春生长正常，但盛花两个月后，顶芽死亡，顶叶变黄，树皮上出现斑疹及胶状物

表 1 - 4 - 11　常见果树缺钼的专性症状学

树种	可见症状
苹果	生长早期缺钼，叶片小，叶片失绿，与缺氮相似。但缺钼多发生在枝条中部的叶片，并向上扩展；而缺氮是由下向上逐渐变黄。叶片产生黄化斑。严重时，叶缘呈褐色枯焦状，并向下卷曲

（续）

树种	可见症状
李	叶子的发育萎缩，有零散的花斑、畸形，叶尖焦枯，边上呈灰褐色
柑橘	缺钼新梢成熟叶片出现近圆形或椭圆形黄色或鲜黄色斑块，叶斑背面呈棕褐色，并可能流胶形成褐色树脂；叶正面病斑光滑，背面病斑稍微肿起，且布满胶质；最初在早春叶片上出现水渍状，随后发展成较大的脉间黄斑，叶片背面流胶形成胶斑，胶斑可能随即变黑，有时叶尖和叶缘枯死，严重时大量落叶
荔枝	植株体内硝态氮大量积累而产生毒害，会减少维生素 C 的含量，呼吸强度降低，抗逆性能下降

表 1－4－12　常见果树缺硫的专性症状学

树种	可见症状
苹果	果树缺硫表现为新叶失绿，极易与缺氮症状混淆，与缺氮不同的是，缺硫是从新叶开始。新梢叶全叶发黄，随后枝梢也发黄，叶片变小，病叶提前脱落，而老叶仍保持绿色，形成明显的对比。在一般情况下，患病叶主脉较其他部位稍黄，尤以主脉基部和翼叶部位更黄，并易脱落，抽生的新梢纤细，多呈丛生状。
桃	缺硫是从新叶开始，新梢叶全叶发黄，随后枝梢也发黄，叶片变小，病叶提前脱落，而老叶仍保持绿色，形成明显的对比。在一般情况下，患病叶主脉较其他部位稍黄，尤以主脉基部和翼叶部位更黄，并易脱落，抽生的新梢纤细，多呈丛生状
草莓	草莓缺硫与缺氮症状差别很小，缺硫时叶片均匀地由绿色转为淡绿色，最终成为黄色。缺氮时，较老的叶片和叶柄发展为微黄色，而较小的叶片实际上随着缺氮的加强而呈现绿色。相反地，缺硫的植株所有叶片都趋向于一直保持黄色
柑橘	柑橘缺硫时新梢叶全叶发黄，随后枝梢也发黄，叶片变小，病叶提前脱落，而老叶仍保持绿色，形成明显对比。在一般情况下，患病叶主脉较其他部位稍黄，尤以主脉基部和翼叶部位更黄，并易脱落，抽生的新梢纤细，多呈丛生状。柑橘缺硫还出现汁囊胶质化，橘瓣硬化

第二章 有机肥料与果园土壤培肥

有机肥是果园中不可或缺的肥料，在提升果园土壤有机质、改善土壤理化性质、提供中微量元素方面均有重要意义。本章第一节重点介绍果园常见的有机肥。果园立地条件差，土壤有机质含量低是我国果园普遍存在的问题，也是限制我国果业高质量发展的难题之一。有机肥是果园土壤有机质的主要来源，大量投入有机肥是快速提升果园土壤有机质的唯一手段。商品有机肥在使用过程中，考虑到成本投入问题一般推荐用量相对较少，对于土壤有机质的提升效果不显著；而传统农家肥常具有腐熟不彻底、病菌多等缺点。因此，本章第二节和第三节分别介绍了农家肥就地堆肥技术和果园土壤有机质快速提升技术，希望对果农朋友们有所帮助。

第一节 有 机 肥

本节将果园中使用的有机肥分为商品类有机肥和农家肥两大类进行介绍。商品类有机肥是由企业根据相关标准生产的肥料产品，本节将重点讲述。农家肥则是由生产生活过程中具有肥料功能的各类有机废弃物堆制而成。

一、商品类有机肥

商品类有机肥主要包括有机肥料、农用微生物菌剂、生物有机肥和复合微生物肥。其中，农用微生物菌剂、生物有机肥、复合微生物肥三类均含有微生物，又称为微生物肥料。

1. 商品类有机肥类型及简要介绍

（1）有机肥料　以畜禽粪便、农作物秸秆、动植物残体等来源于动植物的有机废弃物为原料，通过工厂化的前处理、主发酵、后发酵、后处理、脱臭等堆肥工艺流程，严格执行《有机肥料》（NY/T 525—2021）质量标准生产的产品。目前，用于制作商品有机肥的原料主要有以下几种：一是自然界的有机物，如森林枯枝落叶；二是农作物废弃物，如绿肥、作物秸秆、豆粕、棉粕、食用菌菌渣；三是畜禽粪便，如鸡鸭粪、猪粪、牛羊粪、马粪、兔粪等；四是工业废弃物，如酒糟、醋糟、木薯渣、糖渣、糠醛渣发酵过滤物质；五是生活垃圾，如餐厨垃圾等。这些原料经过无害化处理以后，生产的商品有机肥都可以用于果园施肥。

（2）微生物肥料　又称生物肥料，是一类含有特定微生物活体的制品，应用于农业生产，通过其中所含微生物的生命活动，增加植物养分的供应量或促进植物生长，提高产量，改善农产品品质及农业生态环境。

①农用微生物菌剂是一种或一种以上的目的微生物，经工业化生产增殖后直接使用，或经浓缩制成活菌制品，包括单一菌剂、复合菌剂。根据产品形态可分为液剂、粉剂和颗粒剂三种剂型；根据菌种组成可分为单一菌剂和复合菌剂；根据菌种种类可分为细菌菌剂、真菌菌剂和放线菌菌剂；根据菌种功能类型又可以分为固氮菌菌剂、根瘤菌菌剂、解磷菌剂、硅酸盐细菌菌剂、光合细菌菌剂、促生菌剂、有机物料腐熟剂、菌根菌剂、生物修复菌剂等 9 种类型。

②生物有机肥指特定功能微生物与主要以动植物残体（如畜禽粪便、农作物秸秆等）为来源并经无害化处理、腐熟的有机物料复合而成的一类兼具微生物肥料和有机肥料效应的肥料。生物有机肥生产过程中一般有两个环节涉及微生物的使用，一是在腐熟过程中加入促进物料分解、腐熟兼具除臭功能的腐熟菌剂，其多由复合菌系组成，常见菌种有光合细菌、乳酸菌、酵母菌、放线菌、青霉、木霉、根霉等；二是在物料腐熟后加入功能菌，一般以固氮菌、溶

磷菌、硅酸盐细菌、乳酸菌、假单胞菌、芽孢杆菌、放线菌等为主，在产品中发挥特定的肥料效应。

③复合微生物肥料指由特定微生物与营养物质复合而成，能提供、保持或改善植物营养，提高农产品产量或改善农产品品质的活体微生物制品。主要分为以下两种类型：

两种或两种以上微生物复合的微生物肥料，可以是同一种微生物的不同菌株复合，也可以是不同种微生物的复合。

微生物与各营养元素或添加物、增效剂的复合的微生物肥料。在充分考虑复合物的用量、复合剂中 pH 和盐离子浓度对微生物的影响的前提下，可采用在菌剂中添加一定量的大量营养元素、微量营养元素、稀土元素、植物生长雌激素等进行复合微生物肥料的生产。

2. 执行标准及技术指标

几种商品类有机肥料执行标准及技术指标见表 2－1－1。

表 2－1－1　商品类有机肥料执行标准及主要技术指标

执行标准	肥料名称	剂型	指标及要求	备注
GB 20287—2006	农用微生物菌剂	液体	有效活菌数 ≥ 2.0 亿/mL 霉菌杂菌数≤3.0×10^6个/mL 杂菌率≤10.0% pH 5.0～8.0 保质期≥3 个月	每一种有效菌的数量不得少于 0.01 亿/g（mL）；以单一的胶质芽孢杆菌（*Bacillus mucilaginosus*）制成的粉剂产品中有效活菌数不少于 1.2 亿/g。无害化技术指标：砷≤75mg/kg、汞≤5mg/kg、铅≤100mg/kg、镉≤10mg/kg、铬≤150mg/kg、粪大肠菌群数≤100个/g（mL）、蛔虫卵死亡率≥95%
		粉剂	有效活菌数 ≥ 2.0 亿/g 霉菌杂菌数≤3.0×10^6个/g 杂菌率≤20.0% 水分≤35.0% 细度≥80% pH 5.5～8.5 保质期≥6 个月	

（续）

执行标准	肥料名称	剂型	指标及要求	备注
GB 20287—2006	农用微生物菌剂	颗粒	有效活菌数≥1.0亿/g 霉菌杂菌数≤3.0×10^6个/g 杂菌率≤30.0% 水分≤20.0% 细度≥80% pH 5.5～8.5 保质期≥6个月	
NY/T 798—2015	复合微生物肥料	固体	有效活菌数≥0.20亿/g $N+P_2O_5+K_2O$ 8.0%～25.0% 有机质≥20.0% 杂菌率≤30.0% 水分≤30.0% pH 5.5～8.5 有效期≥6个月	含两种以上有效菌的复合微生物肥料，每一种有效菌的数量不得少于0.01亿/g（mL）。 无害化指标：砷≤15mg/kg、汞≤2mg/kg、铅≤50mg/kg、镉≤3mg/kg、铬≤150mg/kg、粪大肠菌群数≤100个/g（mL）、蛔虫卵死亡率≥95%
		液体	有效活菌数≥0.50亿/mL $N+P_2O_5+K_2O$ 6.0%～20.0% 杂菌率≤15.0% pH 5.5～8.5 有效期≥3个月	
NY 884—2012	生物有机肥	—	有效活性菌≥0.20亿/g 有机质（以干基计）≥40.0% 水分≤30.0% pH 5.5～8.5 粪大肠菌群数≤100个/g 蛔虫卵死亡率≥95% 有效期≥6个月	重金属限量指标：砷≤15mg/kg、汞≤2mg/kg、铅≤50mg/kg、镉≤3mg/kg、铬≤150mg/kg

（续）

执行标准	肥料名称	剂型	指标及要求	备注
NY/T 525—2021	有机肥料	—	有机质（以烘干基计）≥30% $N+P_2O_5+K_2O$ ≥4.0% 水分≤30% pH 5.5~8.5 种子发芽指数≥70% 机械杂质的质量分数≤0.5%	限量指标：砷≤15mg/kg、汞≤2mg/kg、铅≤50mg/kg、镉≤3mg/kg、铬≤150mg/kg，粪大肠菌群数≤100个/g、蛔虫卵死亡率≥95%

3. 国内商品有机肥知名厂家及产品介绍

商品有机肥生产受原料限制较大，一般生产厂家销售服务半径在 500km 以内，多为区域性厂家及品牌，鲜有全国性的知名大厂及品牌。笔者本着实用主义，重点选取了北方区域 12 家知名肥料厂家，为广大果农朋友们选购有机肥产品提供借鉴（表 2-1-2）：

表 2-1-2　国内商品有机肥知名厂家及产品介绍

肥料厂家	简介	产品
陕西枫丹百丽生物科技有限公司	主要从事微生物菌剂、菌肥的研发、生产、营销及现代有机果品生产基地建设。	枫丹百丽系列菌肥、木美土里系列菌肥
北京世纪阿姆斯生物技术有限公司	主要从事农用生物制品研究开发、生产、销售、推广应用	阿姆斯牌微生物菌种剂、土壤修复剂、复合微生物肥料、生物有机肥等产品
山东土秀才生物科技有限公司	主要从事肥料研发、生产、销售等。年设计产能达 15 万 t	土秀才牌微生物菌剂、复合微生物肥、生物有机肥、功能肥、叶面肥等产品
内蒙古紫牛生物科技有限公司	主要从事专业研发、生产、销售、推广高端有机类肥料和微生物肥料等	紫牛系列、喜出望外系列、锦满哈达系列、回味从前系列微生物菌剂、生物有机肥、有机肥料产品

（续）

肥料厂家	简介	产品
根力多生物科技股份有限公司	专业从事生物蛋白系列肥料、微生物菌剂、植物营养特种肥、矿物土壤调理剂等产品研发、生产、销售、服务等	根力多系列菌肥、微生物菌肥、复合微生物肥、生物有机肥产品
领先生物农业股份有限公司	主要从事农业领域节能、环保型生物制品研发、生产和经营	原料级菌粉、原料级菌液、微生物菌剂、生物有机肥、复合微生物肥等产品
山东中创亿丰肥料集团有限公司	主要从事菌体综合肥的研发、生产、销售、服务	微生物菌肥、微生物菌剂、复合微生物菌剂、水溶肥系列产品
阜丰集团有限公司	主要致力于各种氨基酸及其衍生制品和生物胶体的研发、生产和经营	金阜丰、卡非豆、福润年系列土壤调理剂、农用微生物菌剂、生物有机肥、有机肥料等产品
安琪酵母股份有限公司	专业从事酵母类生物技术产品生产、经营及相关技术服务	福邦系列酵母源生物有机肥、有机肥、水溶肥、水产肥等产品
山东庞大生物集团有限公司	专注于高品质菌肥研发与生产等	菌生力、菌果乐、菌之初、福莱斯、果甜菜香等系列微生物菌肥、生物有机肥、有机肥料、水溶肥料、复合微生物肥料等产品
青岛海大生物集团股份有限公司	主要从事海洋生物资源开发利用及相应产品研发、生产和销售	海状元系列微生物菌肥、微生物菌剂、复合微生物菌剂、海藻酸生物有机肥系列产品
梅花生物科技集团股份有限公司	主要提供氨基酸营养健康解决方案服务	梅花系列掺混肥料、有机-无机复混肥、有机肥料及土壤调理剂等产品

二、农家肥

农家肥来源广泛，种类繁多。全国农业技术推广服务中心编著的《中国有机肥料养分志》记载了 272 种具有使用价值的有机肥料。主要分为粪尿类、堆沤肥类、秸秆类、绿肥、土杂肥、饼肥、海肥、腐殖酸类、农用城镇废弃物类9类。其中详述了各种有机肥的特点、养分含量、施用方法等，本书不再赘述。

第二节 就地堆肥技术

传统农家肥常具有发酵不彻底，病原、杂草种子多，臭味大等缺点。本节介绍的就地堆肥技术，借鉴了商品有机肥的堆肥工艺，使传统农家肥转化成为安全、高效的堆肥产品，适合对提升土壤有机质、培肥土壤有迫切需求的果园。

一、就地堆肥技术

堆肥，是指在人工控制下，在一定的水分、碳氮比（C/N）和通风条件下通过微生物的发酵作用，将废弃有机物转变为肥料的过程。堆肥过程中，有机物由不稳定状态转变为稳定的腐殖质，其堆肥产品不含病原、杂草种子，而且无臭无蝇，可以安全保存，是一种良好的土壤改良剂和有机肥料。

1. 堆肥场地选择

与化肥相比，堆肥具有施用量大，不方便施用等特点，且堆肥过程中的肥堆因体积大，有异味等缺点，对运输和堆放提出了更高的要求。因此，堆肥地点应选择在离原料地或者施用地距离相对较近的地方，以节约运输成本。另外，堆肥过程中异味基本上不可避免，堆肥地点应尽量避开人群聚集区和人流较多的地方，同时考虑当地盛行风向，尽可能降低影响。

堆肥场地的面积根据生产需要确定，尽可能选择宽敞、便于开展机械操作的场地。堆肥场地应进行夯实和平整，并具有良好的排水条件。对于常年进行堆肥的堆肥场地，建议加盖避雨棚或墙体，以减少大风、雨雪、光照等天气因素对堆肥过程的影响。

2. 堆肥原料的选择

堆肥的主要原料为各类畜禽粪便，质量比应占到80%左右；

可以采用各类作物秸秆作为主要辅料，也可以采用农产品加工副产物或者养殖场垫料。常年进行堆肥的园主尽可能选择来源广泛和稳定的堆肥原料。相对来讲，同一类型和来源的原料养分含量、C/N等参数相对稳定。每年各类原料配比可以相对保持一致，保证堆肥效果的稳定性。表2－2－1为堆肥常用原料的养分含量，仅供参考。来源不同的有机物料，尤其是各类畜禽粪便，养分含量差异巨大，因此有测试条件的尽可能测试其中的养分含量后使用。

表2－2－1 不同堆肥原料中养分含量（黄绍文 等，2017）

有机物料	N（%）	P_2O_5（%）	K_2O（%）
猪粪	0.55	0.56	0.35
牛粪	0.38	0.22	0.28
马粪	0.44	0.31	0.46
羊粪	1.01	0.50	0.64
小麦秸秆	0.75	0.13	1.26
大豆秸秆	1.13	0.17	0.92
玉米秸秆	0.86	0.23	0.87
水稻秸秆	0.88	0.15	1.92
菌渣	0.89	0.21	0.83

3. 堆肥原料处理

（1）堆肥原料粒径处理 对于秸秆类等较大的原料应使用粉碎设备将原料粉碎成0.5～1cm的长度，对于本身较碎、容易结块的原料可以与长度适宜的干物料混合，调整至适合粒度。主料和辅料质量比大致为4∶1。

（2）原料水分处理 原料混合后最佳初始含水量为50%～60%，过高和过低都会影响发酵进程。如果混合后含水量过高，可以选择添加干物料调节含水量，也可以进行晾晒以减少水分。混合后含水量过低时，采用泼洒或者喷水的方式，同时配合机械翻抛均匀，提高水分含量。

一般来讲，畜禽粪便类的原料含水量经常较高，辅料尽可能选择干料用于调节堆肥整体含水量。对于原料初始含水量的确定，可以将原料混合后取样测定，也可以通过分别测定主料水分含量和辅料水分含量后计算得出。混合原料初始含水量＝（主料水分含量＋辅料水分含量）/（主料质量＋辅料质量）。也可以根据经验初步估测原料含水量，含水量在 60％ 左右的时候，原料的状态是用手紧握原料成团且没有明显的水分从指缝流出，松开手不松散，原料团落地后散开；如果用手紧握时指缝有明显的水分出现，则水分含量应超过了 70％；如果紧握不能成团，则含水量可能在 50％ 以下。

（3）原料 C/N 处理　堆体初始 C/N 在（20～40）：1 时即可保证发酵的正常进行，最佳 C/N 为 25：1。堆肥材料的 C/N 直接影响微生物的活性，微生物对堆肥原料的好气分解是影响堆肥腐熟程度的关键。下表列举了部分堆肥原料的碳氮比，仅供参考。一般来讲，秸秆类的 C/N 相对稳定，而来源不同的畜禽粪便的堆肥 C/N 差异较大，进行测试后方可确定（表 2-2-2）。

表 2-2-2　不同堆肥原料中碳、氮含量

成分	碳（％）	氮（％）	C/N
麦秸	46.5	0.48	96.9
稻壳	41.6	0.64	65.0
花生壳	44.22	1.47	30.1
羊粪	16.0	0.55	29.1
金针菇菌棒	51	1.8	28.3
奶牛粪	31.8	1.33	23.9
木薯渣	24.4	1.77	13.8
沼渣	27.74	2.08	13.3
猪粪	25.0	2.00	12.5
鸡粪	30.0	3.00	10.0
豆饼	45.4	6.71	6.8

原料混合后的 C/N 可以通过取混合样测试确定，也可以用原料的 C/N 进行计算。原料混合后的 C/N＝（主料全碳含量＋辅料全碳

含量）/（主料全氮含量＋辅料全氮含量）。如果混合后的物料 C/N 高，即堆体碳高氮低，则可以添加 C/N 低的物料（畜禽粪便）或者直接喷洒化学氮肥控制。如果混合后的物料 C/N 低，即堆体碳低氮高，则可以添加 C/N 高的物料（秸秆类辅料）提高。添加物料的具体数量可以根据堆体 C/N 及添加物料的 C/N 进行估算。

4. 堆体制作和微生物接种

原料粒径、含水量、C/N 均调节到适宜范围后，使用铲车对原料进行堆垛，堆垛的高度要保持在 1.5m 左右，宽度可以参考翻抛机的作业宽度。

原料混合完毕后进行微生物接种。菌剂可以在网上进行购买，优先选择复合微生物菌剂。菌剂的使用量参考产品使用说明（一般为物料重量的 1/1 000）。按照比例（1:1）用水稀释后均匀喷洒于堆垛表面。喷洒后，即刻用翻抛机翻抛堆肥垛。菌剂购买时选择通过标准化生产和安全评价的菌种或经农业农村部登记的菌剂产品。

5. 堆肥过程控制

接种菌剂完成后，堆肥过程就正式开始了。在这个过程中，要控制堆体含水量、温度、透气性以保证堆肥效果。

（1）堆肥过程水分控制 堆肥原料混合后最佳初始含水量一般控制在 50%～60%，由于外界温湿度等环境因素和不同物料理化性质等影响因素，不同地域、不同季节、不同原料的堆肥发酵适宜初始含水量也不同。堆肥初期可以通过观察堆垛温度确定堆垛含水量是否合适。堆体在合适的含水量时，会迅速升温，3d 左右即可达到 50～65℃。若堆体不升温，则堆体可能含水量过低，若堆体升温缓慢，则堆体可能含水量过高。堆体水分不合适时按照堆肥原料水分调节方法进行调节。

可以使用专用温度计进行堆垛温度的观察，测温点的选择应具有代表性，见图 2-2-1。

（2）堆肥过程温度控制 一般情况下，堆肥的温度变化可以作为堆肥过程（阶段）的评价指标。根据温度的变化，堆肥过程可以划分为四个阶段：中温阶段、高温阶段、冷却阶段、熟化阶段。中

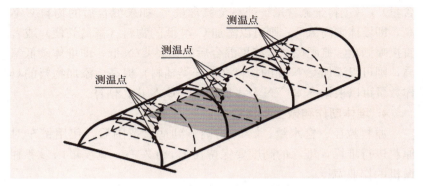

图 2-2-1 堆垛测温点设置

温阶段（15～45℃）持续 3d 左右，温度升至 40℃以上进入高温阶段。高温阶段最适宜的温度为 55～60℃，极限温度可达 80℃左右。堆体高温阶段维持时间一般为 5～10d，此阶段可将大部分病原、虫卵、杂草种子杀死，实现畜禽粪便的无害化处理。高温阶段结束后进入冷却阶段，温度在 40℃以下，最后进入熟化阶段。整个过程持续时间为 30～40d。堆肥过程的高温阶段是堆肥成功的关键，高温阶段时间过长或过短都需要对配方进行调整（图 2-2-2）。

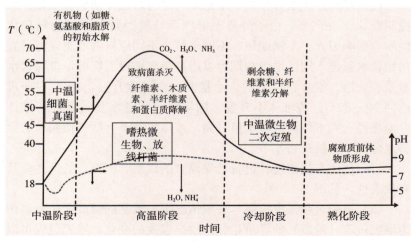

图 2-2-2 堆肥中温阶段至熟化过程主要成分、温度、pH 变化

（3）堆肥过程透气性控制 好氧发酵过程需要氧气参与，所以整个发酵期需采用翻抛机对堆体进行4～8次翻搅，增加堆体透气性，保证有足够的氧气参与发酵过程。翻抛频率为3～5d 1次，高温阶段，温度过高时可以增加翻抛频率适当降温。

（4）堆肥过程气味鉴别 可以根据堆肥过程中出现的不同气味判断堆肥过程出现的问题。如果出现氨的气味，说明堆肥原料可能C/N过低，可以添加秸秆、锯末、木屑等物质作为碳源；如果出现霉味，可能是堆体太潮湿，此时应加入干物料；如果出现恶臭味，可能是堆体出现局部厌氧发酵的情况，需要对堆体进行翻搅。

（5）堆肥过程颜色辨别 堆肥颜色的变化可以用来判断堆肥发酵程度。一般来讲，以牛羊粪和秸秆为主的原料粉碎后至未发酵前呈黄褐色，随着堆肥过程的进行，堆料的颜色逐渐变深，堆肥过程结束后，一般呈现灰褐色。

6. 堆肥合格的指标

堆肥过程完成后，应确认堆肥是否合格，能否达到还田标准。

腐熟度良好的产品，一般具有疏松的团粒结构，颗粒直径小于1.3cm；堆体不再产生臭味，不再大量吸引蚊蝇；整体呈黑褐色；整个堆体温度接近环境温度，不再升高。正常呈弱碱性，pH在8～9，有机质含量大于30%。

为了确保万无一失，还可以使用堆肥浸提液，开展种子发芽试验。种子发芽试验的具体操作方法可以按照《有机肥料》（NY/T 525—2021）标准开展。

第三节 果园土壤有机质快速提升技术

快速培肥果园土壤已经成为越来越多的果园管理者的迫切需求。土壤有机质是土壤肥力的重要指标，提升其含量是果园土壤培肥的主要任务。

理论上讲，在一定气候条件下，土壤有机质的增加速率是非常慢的。虽然可以通过大量施用堆肥提高土壤中有机碳含量，但实际上，基本上不可能在几年内实现土壤有机质含量的大突破。本节介绍的土壤有机质快速提升技术，严格意义上应该称为土壤中有机碳的快速提升技术，包含了严格意义上的土壤有机碳、施入土壤中堆肥残留的有机碳。这两部分有机碳对果实的产量和品质均有积极影响，因此，本技术虽然并不严谨，但仍可用于指导生产。

果园有机肥的施用以提升土壤有机质含量为主要原则，综合考虑堆肥矿化速率和有机质提升两个方面，通过 3～5 年投入，使果园土壤有机质含量达到并稳定在 2% 以上，为果园的优质丰产奠定基础。对于土壤有机质含量不足 1%（假设为 0.5%）的果园，不要急于求成，先用 7 年左右时间将土壤有机质含量提到 1%，再用 6 年左右时间将土壤有机质含量由 1% 提到 2%，后期通过每年施用一定量的堆肥产品，使土壤有机质维持在 2%。

（1）土壤有机质含量小于 1% 的果园（按 0.5% 计）堆肥推荐用量 果园土壤容重按照 $1.4g/cm^3$ 计算，土层深度按照 40cm 计算，行内面积和行间面积按照 1:1 计算，则 1 亩* 果园需要进行有机质含量提升的土壤质量为 185 000kg。

第一阶段（第一至四年）：土壤有机质含量由 0.5% 提升到 1%，则需一次性投入有机质的数量约为 950kg。堆肥有机质含量按照 30% 计算，堆肥中有机碳的首年矿化率按照 50% 计算，后期矿化率按 20% 计算，一次性投入堆肥的数量约为 11 000kg。

第二阶段（第五至八年）：土壤有机质含量由 1% 提升到 2%，则需一次性投入有机质的数量为 1 850kg，堆肥有机质含量按照 30% 计算，堆肥中有机碳的首年矿化率按照 50% 计算，后期矿化率按 20% 计算，一次性投入堆肥的数量约为 21 000kg。

在畜禽粪肥总施用量确定的前提下，有机肥应该连年投入，且逐年增加，具体每年用量可以按照表 2-3-1 进行施用。

---

* 亩为非法定计量单位，1 亩＝$667m^2$。——编者注

表 2-3-1   每亩投入堆肥的数量（kg）

有机质	第一年	第二年	第三年	第四年	第五年	第六年	第七年
<1%	2 000	4 000	6 000	6 000	6 000	4 000	4 000

（2）土壤有机质含量介于 1%～2% 的果园堆肥推荐用量   可参考以上第二阶段用量。有机肥应该连年投入，且逐年增加，具体年用量可以按照表 2-3-2 进行施用。

表 2-3-2   每亩投入堆肥的数量（kg）

有机质	第一年	第二年	第三年	第四年	第五年	第六年
1%～2%	2 000	4 000	4 000	6 000	4 000	1 000

（3）土壤有机质含量超过 2% 的果园堆肥推荐用量   通过上述施肥投入，果园土壤有机质含量可提升到 2% 左右。后期堆肥施用主要是保证土壤有机质的含量维持在 2% 以上。

土壤有机质含量按照 2% 计算，则土壤中有机质的质量为 3 700kg。土壤中有机质的年矿化率按 2% 计算，则每年应投入的有机质数量约为 75kg，（堆肥有机质含量按 30% 计算，其中有机碳首年矿化率按照 50% 计算，后期矿化率按照 20% 计算），则维持有机质含量在 2% 以上，应投入堆肥的数量约为 850kg。

第三章　化学肥料

化学肥料和有机肥料各有优缺点。果园中有机肥与化肥合理配施才能取长补短，在实现土壤培肥的同时保证果实的产量和品质，这是我国果业实现高质量发展的必由之路。完全避开化学肥料，片面地强调"有机果园"，对果业发展有害无利。必须明确化学肥料本身并不会导致诸如果实品质下降、环境恶化等问题，不合理的施用化学肥料才是产生这些问题的根源。本章将重点介绍果园中常用的化学肥料种类，同时介绍部分知名肥料企业的主推产品和市场上假冒伪劣肥料产品的常见骗术及甄别方法，希望能在广大果农朋友们选肥用肥时提供借鉴。

第一节　果园常用肥料类型及执行标准

发展至今，我国化学肥料类型已经相当齐全，新兴肥料种类也日益增加。化学肥料可以根据营养元素的种类、水溶性、缓释性等进行分类。然而，任何一种分类方式已经很难概括所有肥料种类，同时兼顾各类肥料的性质或特点。本节将果园中常用亦属市场主流的化学肥料分成复合肥、氮肥、磷肥、钾肥、水溶肥5类进行简单介绍。本文目的在于使果农朋友对化学肥料种类有大致了解，购买肥料时不再不知所措。具体肥料的性质在多种资料中均可查到，本节不再赘述。

一、复合肥

严格意义上的复合肥是指含有氮、磷、钾中2种及以上元素的肥料，磷酸二铵、磷酸二氢钾等也属于复合肥的范畴。此部分我们仅介绍狭义复合肥的概念产品，即一般含有氮、磷、钾3种养分的产品。按照生产工艺又可分为两类：化成复合肥，即经过化学反应将氮、磷、钾养分结合在1种肥料中，包括常规高塔、料浆、氨酸法复合肥；混成复合肥，即纯物理混配或造粒，如掺混肥料（BB肥）、有机无机复混肥料。

按照市场常用划分方法结合肥料相关执行标准，将复合肥划分为复合肥料（GB/T 15063—2020）、掺混肥料（GB/T 21633—2020）、有机无机复混肥料（GB/T 18877—2020）、稳定性肥料（GB/T 35113—2017）、控释肥料（HG/T 4215—2011）五类，各类肥料执行标准及技术指标见表3-1-1。

表3-1-1　复合肥执行标准及技术指标

执行标准	肥料名称	剂型	指标及要求	备注
GB/T 15063—2020	复合肥料	高浓度	$N+P_2O_5+K_2O$ ≥40.0% 水溶性磷占有效磷百分率≥60% 水分≤2.0%	如标明含硝态氮时≥1.5%。 如标明单一中量元素时，有效钙≥1.0%、有效镁≥1.0%、总硫≥2.0%。 如标明微量元素时，铜、铁、锰、锌、硼、钼≥0.02%，钼元素含量不高于0.5%。 含氯大于3.0%的产品应在包装袋上标明含氯
		中浓度	$N+P_2O_5+K_2O$ ≥30.0% 水溶性磷占有效磷百分率≥50% 水分≤2.5%	
		低浓度	$N+P_2O_5+K_2O$ ≥25.0% 水溶性磷占有效磷百分率≥40% 水分≤5.0%	
GB/T 21633—2020	掺混肥料	—	$N+P_2O_5+K_2O$ ≥35.0% 水溶性磷占有效磷百分率≥60% 水分≤2.0%	

（续）

执行标准	肥料名称	剂型	指标及要求	备注
GB/T 18877—2020	有机无机复混肥料	Ⅰ型	有机质≥20% N＋P$_2$O$_5$＋K$_2$O ≥15.0% 水分≤12.0% pH 5.5～8.5	粪大肠杆菌数≤100个/g，砷≤50mg/kg、汞≤5mg/kg、铅≤150mg/kg、镉≤10mg/kg、铬≤500mg/kg、粪大肠杆菌数≤100个/g、蛔虫卵死亡率≥95%、缩二脲≤0.8%；含氯大于3.0%的产品应在包装袋上标明含氯
		Ⅱ型	有机质≥15% N＋P$_2$O$_5$＋K$_2$O ≥25.0% 水分≤12.0% pH 5.5～8.5	
		Ⅲ型	有机质≥10% N＋P$_2$O$_5$＋K$_2$O ≥35.0% 水分≤10.0% pH 5.0～8.5	
GB/T 35113—2017	稳定性肥料	Ⅰ型（仅含脲酶抑制剂）	尿素残留差异率≥25% 硝化抑制率不做要求	产品名称按照基础肥料的种类确定，如基础肥料为尿素时称为稳定性尿素，基础肥料为复合肥料时称为稳定性复合肥，基础肥料为掺混肥时称为稳定性掺混肥
		Ⅱ型（仅含硝化抑制剂）	尿素残留差异率不做要求 硝化抑制率≥6%	
		Ⅲ型（同时含有两种抑制剂）	尿素残留差异率≥25% 硝化抑制率≥6%	

（续）

执行标准	肥料名称	剂型	指标及要求	备注
HG/T 4215—2011	控释肥料	高浓度	$N+P_2O_5+K_2O$ ≥40.0% 水溶性磷占有效磷百分率≥60% 水分≤2.0%	养分释放期：标明值 初始养分释放率≤12% 28d累积养分释放率≤75% 养分释放期的累积养分释放率≥80%
		中浓度	$N+P_2O_5+K_2O$ ≥30.0% 水溶性磷占有效磷百分率≥50% 水分≤2.5%	
		部分控释肥料	$N+P_2O_5+K_2O$≥35.0% 控释养分量：标明值 控释养分释放期：标明值 控释养分28d的累积养分释放率≤75% 控释养分释放期的累积养分释放率≥80% 控释养分为单一养分时，控释养分量应不小于8.0%；控释养分为氮和钾两种时，每种控释养分量应不小于4.0%	产品名称按照核心肥料种类分为控释氮肥、控释钾肥、控释复合肥、控释掺混肥

二、氮肥

尿素（GB/T 2440—2017）、硫酸铵（GB/T 535—2020）、氯化铵（GB/T 2946—2018）、农用碳酸氢铵（GB/T 3559—2001）、聚合物包膜尿素（HG/T 5517—2019）、含腐殖酸尿素（HG/T 5045—2016）、含海藻酸尿素（HG/T 5049—2016）是市场常见氮肥种类，均可直接应用于果业生产。目前，尿素在果园中较为常见，硫铵、氯化铵以及碳铵多应用于复合肥生产环节。农用尿素均具有良好的水溶性，可直接用于果园水肥一体化系统。各类肥料执行标准及技术指标见表 3-1-2。

表 3-1-2 氮肥执行标准及技术指标

执行标准	肥料名称	剂型	指标及要求	备注
GB/T 2440—2017	尿素（农业用）	优等品	N≥46.0%，缩二脲≤0.9%，水分≤0.5%	若尿素生产工艺中添加甲醛，则加测亚甲基二脲≤0.6%
		合格品	N≥45.0%，缩二脲≤1.5%，水分≤1.0%	
GB/T 535—2020	肥料级硫酸铵	Ⅰ型	N≥20.5%，S≥24.0% 游离酸（H_2SO_4）≤0.05%，氯离子≤1.0%	—
		Ⅱ型	N≥19.0%，S≥21.0% 游离酸（H_2SO_4）≤0.20%，氯离子≤2.0%	
GB/T 2946—2018	农业用氯化铵	优等品	N≥25.4%，钠盐≤0.8%	—
		一等品	N≥24.5%，钠盐≤1.2%	—
		合格品	N≥23.5%，钠盐≤1.6%	—
GB/T 3559—2001	农业用碳酸氢铵	优等品	N≥17.2%，水分≤3.0%	优等品和一等品必须含添加剂
		一等品	N≥17.1%，水分≤3.5%	
		合格品	N≥16.8%，水分≤5.0%	

（续）

执行标准	肥料名称	剂型	指标及要求	备注
HG/T 5517—2019	聚合物包膜尿素	Ⅰ型	N≥44.0%，缩二脲≤1.4% 初始氮素释放率≤10% 28d氮素释放率≤50% 氮素释放期的累积氮素释放率≥80% 氮素释放期：标明值	氮素释放期应以单一数值标注
		Ⅱ型	N≥42.0%，缩二脲≤1.4% 初始氮素释放率≤5% 28d氮素释放率≤30% 氮素释放期的累积氮素释放率≥80% 氮素释放期：标明值	
HG/T 5045—2016	含腐殖酸尿素		N≥45.0%，缩二脲≤1.5% 腐殖酸≥0.12%，氨挥发抑制率≥5%	—
HG/T 5049—2016	含海藻酸尿素		N≥45.0%，缩二脲≤1.5% 海藻酸≥0.03%，氨挥发抑制率≥5%	—

三、磷肥

磷酸一铵（GB/T 10205—2009）、磷酸二铵（GB/T 10205—2009）、钙镁磷肥（GB/T 20412—2021）、过磷酸钙（GB/T 20413—2017）是市场常见的磷肥种类。磷酸一铵、磷酸二铵同时可提供一部分氮素。钙镁磷肥和过磷酸钙则在提供磷肥的同时可以为果园提供部分钙肥，是非常适合果园施用的磷肥产品。各类肥料执行标准及技术指标见表 3-1-3。

表 3-1-3　磷肥执行标准及技术指标

执行标准	肥料名称	剂型	指标及要求
GB/T 10205—2009	粒状磷酸一铵（传统法）	优等品 12-52-0	总养分 $N+P_2O_5 \geqslant 64.0\%$，$N \geqslant 11.0\%$，$P_2O_5 \geqslant 51.0\%$，水溶性磷占有效磷百分率 $\geqslant 87\%$
		一等品 11-49-0	总养分 $N+P_2O_5 \geqslant 60.0\%$，$N \geqslant 10.0\%$，$P_2O_5 \geqslant 48.0\%$，水溶性磷占有效磷百分率 $\geqslant 80\%$
		合格品 10-46-0	总养分 $N+P_2O_5 \geqslant 56.0\%$，$N \geqslant 9.0\%$，$P_2O_5 \geqslant 45.0\%$，水溶性磷占有效磷百分率 $\geqslant 75\%$
	粒状磷酸二铵（传统法）	优等品 18-46-0	总养分 $N+P_2O_5 \geqslant 64.0\%$，$N \geqslant 17.0\%$，$P_2O_5 \geqslant 45.0\%$，水溶性磷占有效磷百分率 $\geqslant 87\%$
		一等品 15-42-0	总养分 $N+P_2O_5 \geqslant 57.0\%$，$N \geqslant 14.0\%$，$P_2O_5 \geqslant 41.0\%$，水溶性磷占有效磷百分率 $\geqslant 80\%$
		合格品 14-39-0	总养分 $N+P_2O_5 \geqslant 53.0\%$，$N \geqslant 13.0\%$，$P_2O_5 \geqslant 38.0\%$，水溶性磷占有效磷百分率 $\geqslant 75\%$
	粒状磷酸一铵（料浆法）	优等品 11-47-0	总养分 $N+P_2O_5 \geqslant 58.0\%$，$N \geqslant 10.0\%$，$P_2O_5 \geqslant 46.0\%$，水溶性磷占有效磷百分率 $\geqslant 80\%$
		一等品 11-44-0	总养分 $N+P_2O_5 \geqslant 55.0\%$，$N \geqslant 10.0\%$，$P_2O_5 \geqslant 43.0\%$，水溶性磷占有效磷百分率 $\geqslant 75\%$
		合格品 10-42-0	总养分 $N+P_2O_5 \geqslant 52.0\%$，$N \geqslant 9.0\%$，$P_2O_5 \geqslant 41.0\%$，水溶性磷占有效磷百分率 $\geqslant 70\%$
	粒状磷酸二铵（料浆法）	优等品 16-44-0	总养分 $N+P_2O_5 \geqslant 60.0\%$，$N \geqslant 15.0\%$，$P_2O_5 \geqslant 43.0\%$，水溶性磷占有效磷百分率 $\geqslant 80\%$

（续）

执行标准	肥料名称	剂型	指标及要求
GB/T 10205—2009	粒状磷酸二铵（料浆法）	一等品 15-42-0	总养分 $N+P_2O_5 \geq 57.0\%$，$N \geq 14.0\%$，$P_2O_5 \geq 41.0\%$，水溶性磷占有效磷百分率≥75%
		合格品 14-39-0	总养分 $N+P_2O_5 \geq 53.0\%$，$N \geq 13.0\%$，$P_2O_5 \geq 38.0\%$，水溶性磷占有效磷百分率≥70%
	粉状磷酸一铵（传统法）	优等品 9-49-0	总养分 $N+P_2O_5 \geq 58.0\%$，$N \geq 8.0\%$，$P_2O_5 \geq 48.0\%$，水溶性磷占有效磷百分率≥80%
		一等品 8-47-0	总养分 $N+P_2O_5 \geq 55.0\%$，$N \geq 7.0\%$，$P_2O_5 \geq 46.0\%$，水溶性磷占有效磷百分率≥75%
	粉状磷酸一铵（料浆法）	优等品 11-47-0	总养分 $N+P_2O_5 \geq 58.0\%$，$N \geq 10.0\%$，$P_2O_5 \geq 46.0\%$，水溶性磷占有效磷百分率≥80%
		一等品 11-44-0	总养分 $N+P_2O_5 \geq 55.0\%$，$N \geq 10.0\%$，$P_2O_5 \geq 43.0\%$，水溶性磷占有效磷百分率≥75%
		合格品 10-42-0	总养分 $N+P_2O_5 \geq 52.0\%$，$N \geq 9.0\%$，$P_2O_5 \geq 41.0\%$，水溶性磷占有效磷百分率≥70%
GB/T 20412—2021	钙镁磷肥	粉状或沙状	Ⅰ型：$P_2O_5 \geq 18.0\%$，$Ca \geq 20.0\%$，$Mg \geq 6.0\%$，$SiO_2 \geq 20.0\%$
			Ⅱ型：$P_2O_5 \geq 15.0\%$，$Ca \geq 20.0\%$，$Mg \geq 5.0\%$，$SiO_2 \geq 20.0\%$
			Ⅲ型：$P_2O_5 \geq 12.0\%$，$Ca \geq 20.0\%$，$Mg \geq 4.0\%$，$SiO_2 \geq 20.0\%$
		颗粒状	Ⅰ型：$P_2O_5 \geq 17.0\%$，$Ca \geq 19.5\%$，$Mg \geq 6.0\%$，$SiO_2 \geq 19.0\%$
			Ⅱ型：$P_2O_5 \geq 14.0\%$，$Ca \geq 19.5\%$，$Mg \geq 5.0\%$，$SiO_2 \geq 19.0\%$
			Ⅲ型：$P_2O_5 \geq 11.0\%$，$Ca \geq 19.5\%$，$Mg \geq 4.0\%$，$SiO_2 \geq 19.0\%$

（续）

执行标准	肥料名称	剂型	指标及要求
GB/T 20413—2017	过磷酸钙	疏松状/粒状	优等品：有效磷≥18.0%，水溶性磷≥13.0%，硫≥8.0%，游离酸≤5.5%，游离水≤12.0%
			一等品：有效磷≥16.0%，水溶性磷≥11.0%，硫≥8.0%，游离酸≤5.5%，游离水≤14.0%
			合格品Ⅰ型：有效磷≥14.0%，水溶性磷≥9.0%，硫≥8.0%，游离酸≤5.5%，游离水≤15.0%
			合格品Ⅱ型：有效磷≥12.0%，水溶性磷≥7.0%，硫≥8.0%，游离酸≤5.5%，游离水≤15.0%

四、钾肥

农用硫酸钾（GB/T 20406—2017）、肥料级氯化钾（GB/T 37918—2019）、硫酸钾镁肥（GB/T 20937—2018）、农用硝酸钾（GB/T 20784—2018）、磷酸二氢钾（工业级 HG/T 4511—2013、肥料级 HG/T 2321—2016）是市场常见的钾肥种类。其中，农用硝酸钾属于低氮高钾类复合元素肥料，适合用作果树后期膨果肥；硝酸钾、磷酸二氢钾等由于其良好的水溶性可作为水溶肥料直接用于水肥一体化系统。各类肥料执行标准及技术指标见表3-1-4。

表3-1-4 钾肥执行标准及技术指标

执行标准	肥料名称	剂型	指标及要求
GB/T 20406—2017	农业用硫酸钾	颗粒状	优等品：K_2O≥50%，S≥16.0%，氯离子≤1.5% 合格品：K_2O≥50%，S≥15.0%，氯离子≤2.0%

（续）

执行标准	肥料名称	剂型	指标及要求
GB/T 20406—2017	农业用硫酸钾	粉末结晶状	优等品：$K_2O \geqslant 52\%$，$S \geqslant 17.0\%$，氯离子 $\leqslant 1.5\%$ 一等品：$K_2O \geqslant 50\%$，$S \geqslant 16.0\%$，氯离子 $\leqslant 2.0\%$ 合格品：$K_2O \geqslant 45\%$，$S \geqslant 15.0\%$，氯离子 $\leqslant 2.0\%$
GB/T 37918—2019	肥料级氯化钾	粉末晶体状	Ⅰ型：$K_2O \geqslant 62.0\%$，氯化钠 $\leqslant 1.0\%$，水分 $\leqslant 1.0\%$，水不溶物 $\leqslant 0.5\%$ Ⅱ型：$K_2O \geqslant 60.0\%$，氯化钠 $\leqslant 3.0\%$，水分 $\leqslant 2.0\%$，水不溶物 $\leqslant 0.5\%$ Ⅲ型：$K_2O \geqslant 57.0\%$，氯化钠 $\leqslant 4.0\%$，水分 $\leqslant 2.0\%$，水不溶物 $\leqslant 1.5\%$
		颗粒状	Ⅰ型：$K_2O \geqslant 62.0\%$，氯化钠 $\leqslant 1.0\%$，水分 $\leqslant 0.3\%$，水不溶物 $\leqslant 0.5\%$ Ⅱ型：$K_2O \geqslant 60.0\%$，氯化钠 $\leqslant 3.0\%$，水分 $\leqslant 0.5\%$，水不溶物 $\leqslant 0.5\%$ Ⅲ型：$K_2O \geqslant 57.0\%$，氯化钠 $\leqslant 4.0\%$，水分 $\leqslant 1.0\%$，水不溶物 $\leqslant 1.5\%$
GB/T 20937—2018	硫酸钾镁肥	—	优等品：$K_2O \geqslant 30.0\%$，$Mg \geqslant 7.0\%$，$S \geqslant 18.0\%$，氯离子 $\leqslant 2.0\%$，钠离子 $\leqslant 0.5\%$，水不溶物 $\leqslant 1.0\%$，pH $7.0 \sim 9.0$ 一等品：$K_2O \geqslant 24.0\%$，$Mg \geqslant 6.0\%$，$S \geqslant 16.0\%$，氯离子 $\leqslant 2.5\%$，钠离子 $\leqslant 1.0\%$，水不溶物 $\leqslant 1.0\%$，pH $7.0 \sim 9.0$ 合格品：$K_2O \geqslant 21.0\%$，$Mg \geqslant 5.0\%$，$S \geqslant 14.0\%$，氯离子 $\leqslant 3.0\%$，钠离子 $\leqslant 1.5\%$，水不溶物 $\leqslant 1.5\%$，pH $7.0 \sim 9.0$

（续）

执行标准	肥料名称	剂型	指标及要求
GB/T 20784—2018	农用硝酸钾	—	优等品：$K_2O \geqslant 46.0\%$，$N \geqslant 13.5\%$，氯离子$\leqslant 0.2\%$，水分$\leqslant 0.5\%$，水不溶物$\leqslant 0.10\%$
			一等品：$K_2O \geqslant 44.5\%$，$N \geqslant 13.5\%$，氯离子$\leqslant 1.2\%$，水分$\leqslant 1.0\%$，水不溶物$\leqslant 0.20\%$
			合格品：$K_2O \geqslant 44.0\%$，$N \geqslant 13.0\%$，氯离子$\leqslant 1.5\%$，水分$\leqslant 1.5\%$，水不溶物$\leqslant 0.30\%$
HG/T 4511—2013	磷酸二氢钾（工业级）	—	优等品：磷酸二氢钾$\geqslant 99.0\%$，$K_2O \geqslant 34.0\%$，水分$\leqslant 0.5\%$，氯化物$\leqslant 0.05\%$，水不溶物$\leqslant 0.1\%$，pH 4.3～4.7
			一等品：磷酸二氢钾$\geqslant 98.0\%$，$K_2O \geqslant 33.5\%$，水分$\leqslant 1.0\%$，氯化物$\leqslant 0.2\%$，水不溶物$\leqslant 0.2\%$，pH 4.3～4.7
			合格品：磷酸二氢钾$\geqslant 97.0\%$，$K_2O \geqslant 33.0\%$，水分$\leqslant 2.0\%$，水不溶物$\leqslant 0.5\%$，pH 4.3～4.7
HG/T 2321—2016	磷酸二氢钾（肥料级）	—	优等品：磷酸二氢钾$\geqslant 98.0\%$，水溶性$P_2O_5 \geqslant 51.0\%$，$K_2O \geqslant 33.8\%$，水分$\leqslant 0.5\%$，氯化物$\leqslant 1.0\%$，水不溶物$\leqslant 0.3\%$，pH 4.3～4.9
			一等品：磷酸二氢钾$\geqslant 96.0\%$，水溶性$P_2O_5 \geqslant 50.0\%$，$K_2O \geqslant 33.2\%$，水分$\leqslant 1.0\%$，氯化物$\leqslant 1.5\%$，水不溶物$\leqslant 0.3\%$，pH 4.3～4.9
			合格品：磷酸二氢钾$\geqslant 94.0\%$，水溶性$P_2O_5 \geqslant 49.0\%$，$K_2O \geqslant 30.5\%$，水分$\leqslant 1.5\%$，氯化物$\leqslant 3.0\%$，水不溶物$\leqslant 0.3\%$，pH 4.3～4.9

五、水溶肥料

与传统肥料品种相比,水溶肥料具有明显的优势。它是一种可以迅速并完全溶于水的多元复合肥料,容易被作物吸收,吸收利用率相对较高,关键是它可以实现水肥一体化。近年来水溶肥料与果园喷滴灌等设施农业结合紧密,逐渐被果农接受和使用。目前市面上水溶肥料种类繁多,笔者针对果树栽培领域常见的水溶肥料进行了汇总,各类肥料执行标准及技术指标见表3-1-5。

表3-1-5 水溶肥料执行标准及技术指标

执行标准	肥料名称	剂型	指标及要求	备注
NY/T 1107—2020	大量元素水溶肥料	固体产品	$N+P_2O_5+K_2O \geqslant 50.0\%$,水不溶物$\leqslant 1.0\%$,缩二脲$\leqslant 0.9\%$,水分$\leqslant 3.0\%$	产品至少包含N、P、K大量元素中的2种,且单一大量元素含量不低于4.0%或40g/L;产品中若添加中量元素(Ca、Mg)、微量元素(Cu、Fe、Mn、Zn、B、Mo)养分,需标注单一元素含量、中量元素总含量及微量元素总含量;含氯大于3.0%或30g/L的产品应在包装袋上标明含氯
		液体产品	$N+P_2O_5+K_2O \geqslant 400g/L$,水不溶物$\leqslant 10 g/L$,缩二脲$\leqslant 0.9\%$	
NY 2266—2012	中量元素水溶肥料	固体产品	中量元素$\geqslant 10.0\%$,水不溶物$\leqslant 5.0\%$,pH(1:250倍稀释)3.0~9.0,水分$\leqslant 5.0\%$	产品单一中量元素含量不低于1.0%或10g/L,S不计入中量元素
		液体产品	中量元素$\geqslant 100g/L$,水不溶物$\leqslant 50 g/L$,pH(1:250倍稀释)3.0~9.0	

（续）

执行标准	肥料名称	剂型	指标及要求	备注
NY 1428—2010	微量元素水溶肥料	固体产品	微量元素≥10.0%，水不溶物≤5.0%，pH（1∶250倍稀释）3.0～10.0，水分≤6.0%	产品至少包含Cu、Fe、Mn、Zn、Bo、Mo微量元素中的1种，且单一元素含量不低于0.05%或0.5g/L；Mo含量不高于1.0%或10g/L
		液体产品	微量元素≥100g/L，水不溶物≤50 g/L，pH（1∶250倍稀释）3.0～10.0	
NY 1429—2010	含氨基酸水溶肥料（中量元素型）	固体产品	游离氨基酸≥10.0%，中量元素≥3.0%，水不溶物≤5.0%，pH（1∶250倍稀释）3.0～9.0，水分≤4.0%	产品至少包含Ca、Mg中量元素中的1种，且单一元素含量不低于0.1%或1g/L
		液体产品	游离氨基酸≥100g/L，中量元素≥30g/L，水不溶物≤50 g/L，pH（1∶250倍稀释）3.0～9.0	
	含氨基酸水溶肥料（微量元素型）	固体产品	游离氨基酸≥10.0%，微量元素≥2.0%，水不溶物≤5.0%，pH（1∶250倍稀释）3.0～9.0，水分≤4.0%	产品至少包含Cu、Fe、Mn、Zn、Bo、Mo微量元素中的1种，单一元素含量不低于0.05%或0.5g/L，Mo含量不高于0.5%或5g/L
		液体产品	游离氨基酸≥100g/L，微量元素≥20g/L，水不溶物≤50 g/L，pH（1∶250倍稀释）3.0～9.0	

（续）

执行标准	肥料名称	剂型	指标及要求	备注
NY 1106—2010	含腐殖酸水溶肥料（大量元素型）	固体产品	腐殖酸≥3.0%，N＋P_2O_5＋K_2O≥20.0%，水不溶物≤5.0%，pH（1：250倍稀释）4.0～10.0，水分≤5.0%	产品至少包含 N、P、K 大量元素中的 2 种，单一大量元素含量不低于 2.0% 或 20g/L
		液体产品	腐殖酸≥30 g/L，N＋P_2O_5＋K_2O≥200 g/L，水不溶物≤50 g/L，pH（1：250 倍稀释）4.0～10.0	
	含腐殖酸水溶肥料（微量元素型）	固体产品	腐殖酸≥3.0%，微量元素≥6.0%，水不溶物≤5.0%，pH（1：250 倍稀释）4.0～10.0，水分≤5.0%	产品至少包含 Cu、Fe、Mn、Zn、Bo、Mo 微量元素中的 1 种，单一微量元素含量不低于 0.05% 或 0.5g/L，Mo 含量不高于 0.5% 或 5g/L
GB/T 17420—2020	微量元素叶面肥料	固体产品	微量元素≥10.0%，水不溶物≤0.5%，pH（1：250 倍稀释）5.0～8.0，水分≤5.0%	产品至少包含 Cu、Fe、Mn、Zn、Bo、Mo 微量元素中的 2 种，单一微量元素含量不低于 0.2% 或 2g/L
		液体产品	微量元素≥100g/L，水不溶物≤5 g/L，pH（1：250 倍稀释）≥3.0	

（续）

执行标准	肥料名称	剂型	指标及要求	备注
GB/T 17419—2018	含有机质叶面肥料	固体产品	有机质≥25.0%，N＋P_2O_5＋K_2O≥5.0%，微量元素≥2.0%，水不溶物≤0.5%，pH（1：250倍稀释）2.0～9.0，水分≤5.0%	标明单一养分含量不应低于1%或10g/L；产品至少包含Cu、Fe、Mn、Zn、Bo、Mo微量元素中的1种，单一微量元素含量不低于0.05%或0.5g/L，Mo含量不高于0.5%或5g/L
		液体产品	有机质≥100g/L，N＋P_2O_5＋K_2O≥80g/L，微量元素≥20g/L，水不溶物≤5g/L，pH（1：250倍稀释）2.0～9.0	

此外，还有部分肥料由于具有突出的水溶性，也可以直接溶解后用于果园水肥一体化系统。比较常见的有工业级磷酸一铵、农用硝酸铵钙、尿素-硝铵溶液、肥料级聚磷酸铵等（表3-1-6）。

表3-1-6　具有突出水溶性的部分肥料执行标准及技术目标

执行标准	肥料名称	剂型或物理性质	指标及要求
HG/T 4133—2010	工业级磷酸一铵	—	Ⅰ类：磷酸二氢铵≥98.5%，P_2O_5≥60.8%，N≥11.8%，水分≤0.5%，水不溶物≤0.1%，pH 4.2～4.8
			Ⅱ类：磷酸二氢铵≥98.0%，P_2O_5≥60.5%，N≥11.5%，水分≤0.5%，水不溶物≤0.3%，pH 4.0～5.0
			Ⅲ类：磷酸二氢铵≥96.0%，P_2O_5≥59.2%，N≥11.0%，水分≤1.0%，水不溶物≤0.6%，pH 4.0～5.0

（续）

执行标准	肥料名称	剂型或物理性质	指标及要求
NY/T 2269—2020	农用硝酸铵钙	—	N≥15.0%，硝态氮≥14.0%，Ca≥18.0%，pH 5.5~8.5，水分≤3.0%，水不溶物≤0.5%
HG/T 4848—2016	尿素-硝铵溶液	密度（20℃）1.26~1.34 g/cm³，缩二脲≤0.40%，pH 5.5~8.0，水不溶物≤0.2%，游离氨≤0.05%	UAN28：N≥28.0%，硝态氮 6.3%~7.4%，酰胺态氮 13.5%~15.4%
			UAN30：N≥30.0%，硝态氮 6.7%~7.9%，酰胺态氮 14.2%~16.6%
			UAN32：N≥28.0%，硝态氮 7.2%~8.4%，酰胺态氮 15.6%~17.7%
HG/T 5939—2021	肥料级聚磷酸铵	固体	Ⅰ类：总养分 $N+P_2O_5$≥68.0%，N≥12.0%，P_2O_5≥55.0%，聚合率≥75.0%，水分≤3.0%，水不溶物≤0.5%
			Ⅱ类：总养分 $N+P_2O_5$≥54.0%，N≥12.0%，P_2O_5≥41.0%，聚合率≥60.0%，水分≤3.0%，水不溶物≤1.0%
		液体	Ⅰ类：总养分 $N+P_2O_5$≥46.0%，N≥9.0%，P_2O_5≥36.0%，聚合率≥65.0%，水不溶物≤0.2%
			Ⅱ类：总养分 $N+P_2O_5$≥43.0%，N≥9.0%，P_2O_5≥33.0%，聚合率≥60.0%，水不溶物≤0.5%

第二节　知名企业及品牌产品

中国是化肥生产和消费大国。近年来，我国农用氮、磷、钾化学肥料（折纯）产量呈现下降的趋势，总体产出在5 000万t以上。2021年农用氮、磷、钾化学肥料（折纯）产量5 446万t，同比增长0.8%。2022年1~5月，我国农用氮、磷、钾化学肥料（折纯）产量2 322.37万t，同比增长0.9%。根据化肥信息中心最新统计，2021年我国化肥行业规模以上企业共计1 816个，销售收入完成5 871.13亿元，相信伴随农业现代化进程的推进，规模化种植对化肥产品质量、应用效果、供应能力和配套的农化服务提出了更高的要求，质量好、效果佳、品牌响、规模大的企业有望进一步提升其市场份额，产能集中度会越来越高。竞争的白热化将推动行业走向整合，并购、合作将成为行业新常态。

为了便于广大果农在购买肥料时能够有所借鉴，笔者甄选目前国内外较知名的20家肥料厂家，进行简要介绍。

一、国内知名肥料厂家

国内知名肥料厂家如表3-2-1所示。

表3-2-1　国内知名肥料厂家

肥料厂家	简介	产品
新洋丰农业科技股份有限公司	主营业务包括磷复肥、新能源材料、精细化工、磷石膏建材等的研发、生产和销售	主营高浓度磷复肥产品，旗下设有"洋丰""澳特尔""乐开怀""力赛诺"等多个品牌
河南心连心化学工业集团股份有限公司	主要从事尿素、复合肥、三聚氰胺等产品生产	尿素产品系列：水触膜尿素、控释尿素、聚能网尿素、黑力旺腐殖酸尿素、普通尿素。 复合肥产品系列：主要的产品有黑力旺黄腐酸肥、水触膜控释复合肥、新一代控释复合肥、珍维多高塔硝硫基、聚能网复合肥、甲多好复合肥、高聚能复合肥等
中化化肥控股有限公司	业务涵盖资源、研发、生产、分销、农化服务全产业链	氮、磷、钾基础肥及各类复合肥产品，品牌有"中化""美农""蓝麟""雅欣""美麟美"等，还有尿素、磷酸一铵、磷酸二铵、加拿大氯化钾、俄罗斯

（续）

肥料厂家	简介	产品
中化化肥控股有限公司	业务涵盖资源、研发、生产、分销、农化服务全产业链	氯化钾、复合肥、俄罗斯复合肥、挪威复合肥、芬兰复合肥、大嘿牛新型尿素、美磷美磷酸二铵、麟葆磷酸二铵等
中农集团控股股份有限公司	主要从事肥料生产研发、贸易分销、基层零售、农化服务	氮肥：多酶金尿素、孢酶尿素、尿素、氯化铵、硫酸铵。 磷肥："中国农资"牌磷酸一铵、磷酸二铵、磷酸二氢钾。 钾肥："中国农资"牌国产氯化钾、硫酸钾，加拿大、俄罗斯进口钾肥。 复合肥：五州丰、中农金瑞、金沃裕、中农舜天、海元宝、大地之秀
中海石油化学股份有限公司	以化肥研发、生产及销售为主要业务，兼营化工产品	"富岛""翔燕"牌聚氨锌增值复合肥料，"富岛"牌大颗粒尿素，"富岛""翔燕""撒可富"牌磷酸二铵
云南云天化股份有限公司	主营化肥、化工原料及产品的生产与销售	"三环"磷酸二铵、"云峰"复合肥、"三环"复合肥、"天腾"复合肥、"涓露"复合肥、"涓露"水溶肥料、"花匠铺"花卉肥
瓮福（集团）有限责任公司	主要从事磷矿采选、磷复肥、磷煤化工、氟碘化工生产、科研、贸易	"宏福"磷酸一铵、"宏福"磷酸二铵、"瓮福"复合肥
安徽六国化工股份有限公司	主要从事磷酸二铵、高浓度复合肥生产	控释活化二铵、控释复肥、锌腐酸二铵、稳定性复肥、锌腐酸复肥、生物菌肥、水溶肥、海藻酸尿素等10多个品类100多个品种规格；拥有"六国网""嘉S时代""海丰时代""沃尔田""乡满福""六国安辛""超S时代""亲亲"等多个品牌
金正大生态工程集团股份有限公司	公司经营范围包括复混肥料、复合肥料、掺混肥料、缓释肥料等	"金正大"复合肥、"沃夫特"复合肥、"金大地"复合肥、"奥磷丹"复合肥、"诺泰尔"复合肥

（续）

肥料厂家	简介	产品
史丹利农业集团股份有限公司	主要从事复合肥生产及销售、粮食收储、农业信息咨询、农业技术推广、农资贸易等在内的综合性农业服务商	"三安"复合肥、"第四元素"复合肥、"劲素"复合肥、"特利"水溶肥
成都云图控股股份有限公司	主要从事复合肥产业链深度开发和市场拓展	"嘉施利"复合肥、"桂湖"复合肥、"施朴乐"水溶肥、"棵诺"植物调节剂
湖北宜化化工股份有限公司	主营化肥、化工产品的生产与销售	"宜化"尿素、"宜化"磷酸一铵、"宜化"磷酸二铵、"宜化"过磷酸钙、"宜化"复合肥
中国-阿拉伯化肥有限公司	主要从事氮、磷、钾（NPK）复合肥生产	"撒可富"复合肥、"瑞喜"复合肥、"撒可富"水溶肥
深圳市芭田生态工程股份有限公司	主要从事科研、生产、销售、终端服务，主营生产绿色生态复合肥	"芭田"复合肥、"中挪"复合肥
施可丰化工股份有限公司	主要从事复合肥的科研、生产、农业综合服务	"施可丰"复合肥、"赛洋"复合肥、"翔龙"复合肥、"丰科旺"复合肥

二、国外知名肥料厂家

国外知名肥料厂家如表3-2-2所示。

表3-2-2　国外知名肥料厂家

肥料厂家	地区	简介	产品
Nutrien（NTR）	加拿大	主营钾肥、氮肥、磷肥、特种肥料等产品	大颗粒红钾，"加阳"缓控释肥等
美盛（Mosaic）	美国	主要生产磷肥和钾肥	"美可辛"磷肥，"稼镁佳"BB肥，"稼镁"硫酸钾镁
雅冉（Yara）	挪威	主营氮肥、复合肥、水溶肥等产品	"苗乐"复合肥，"特荣"水溶肥，"威特"微量元素

（续）

肥料厂家	地区	简介	产品
以色列化工（ICL）	以色列	主营钾肥、磷肥及特种肥料	"易迈施"水溶肥，"诺普丰"水溶肥、复合肥
康朴（COMPO EXPERT GmbH）	德国	主营大量元素水溶肥、中微量元素水溶肥、控缓释肥和稳定性肥料	"康朴"复合肥、水溶肥，"诺泰克"复合肥、水溶肥，"福地力"水溶肥

第三节　肥料产品选购辨识

近年来化肥市场假冒伪劣产品泛滥，各类产品鱼龙混杂，农民朋友们在选肥用肥问题上存在很大困惑。笔者经过走访调研多家肥料经销企业，将市面上常见肥料骗术进行了汇总，以期避免大家选购肥料过程中"踩坑"，造成经济损失。

一、市场常见骗术总结

1. 换名换包装的套路

销售商经常为肥料起个三铵、四铵、五铵的名儿，包装从黑白到彩色，从简单文字到名人代言，八仙过海，各显神通，偷换概念误导农民。

2. 鱼目混珠

基层商贩为了牟取暴利，推销有机无机复混肥，总含量挺高，氮、磷、钾成分却很低，冒充复混肥，以低廉的价格引诱消费者购买！

3. 冒充高大上

乱标高大上技术支持广告语，什么进口纳米磁性剂、激活素、光能素、抗冻因子、防晒因子、长效因子等各种消费者不太懂的高科技词语，让消费者误以为其产品真的会有高科技，从而购买。

4. 无中生有

明明只含氮、磷 2 种元素，包装却标注三大元素，比如"N-P-

S：15-15-15 或 "N-P-Cl：15-15-15"，二元肥假装三元肥，黄鼠狼变大灰狼，坑农害农没商量！

5. 乱贴标签

什么全元素、多功能、全营养、全作物、某某作物专用一大堆！一块钱的东西贴上几个标签就价格翻倍了，明明是只小蚂蚁，非得充气装大象！

6. 以次充好

明目张胆偷养分，标注氮、磷、钾含量48％，实际只有24％的含量，商家每出1t假货，至少可比卖正品多挣千元，偷减含量赚暴利，柴狗卖出藏獒价！

7. 假借他名虚假宣传

劣质产品包装上打着"国家某部推荐产品""某质检所认可产品"的幌子，假证假标假质检，壁虎也能当老虎！

8. 冒充进口货

本地肥冒充洋品牌，假借进口商标、假标国外技术、谎称进口原材料，欺骗消费者。

二、购肥注意事项

①都说货卖一张皮，包装你要看仔细。发现肥料名称夸大，总养分标识混乱的产品，不要买；包装袋上主要内容文字模糊不清，没有厂家地址信息的产品，更不要买。

②对于氮肥来说，如果商家声称卖的是农用尿素，含氮量低于45.0％，那就是假货。国产尿素执行 GB/T 2440—2017 标准规范生产，总氮含量必须大于等于45.0％，如果达不到国标，就是假尿素。对于磷肥，磷酸一铵、磷酸二铵执行标准为 GB/T 10205—2009，产品按外观可分为粒状和粉状，按生产工艺分为传统法和料浆法两类，生产厂家不执行国标，且夸大产品功能的皆属于假冒伪劣。常见钾肥主要有氯化钾和硫酸钾两种，其中农用氯化钾主要执行 GB/T 6549—2011、GB/T 37918—2019 两项标准，农业用硫酸钾国标为 GB/T 20406—2017，各种标有"超强改进型""稀土型"

"多微"等字样的，多为假冒伪劣产品。

③大量元素水溶肥执行标准为 NY/T 1107—2020，该标准允许标明含有的各类大、中、微量元素具体含量，并对含氯、含缩二脲等警示语言标注作出明确要求，购买时一定要睁大眼睛。

④有机肥料执行的是农业行业标准 NY/T 525—2021，产品有机质含量应大于等于 30%，氮、磷、钾总养分应大于等于 4.0%，并且需标明主要原料的名称，发现产品使用污泥、钢渣及粉煤灰作为原料的，一定是问题产品，要及时向市场监管部门反映举报。对于生物有机肥，标准中有效活菌数要求大于等于 0.20 亿/g，如果包装上出现 1 亿、3 亿、5 亿等字样，要格外注意，是否是虚标假冒。

三、购肥选肥小忠告

1. 异常便宜的肥料，十有八九含量不达标，千万不要买

肥料是需要成本的，稍便宜点可能是经销渠道稍微降低了利润空间，但突破了成本底线，这样的产品正规厂家根本无法生产出来。在此告诫广大农民朋友们，永远记住"好货不便宜、便宜无好货、买的不如卖的精"，特别警惕包治百病的"神仙肥"，肥料包装上大书"全元素、多功能、全营养"，还有类似"长效、田地六味地黄丸"等夸张的宣传，都不靠谱。

2. 购买肥料选大厂，名牌产品有保障

购买农资要到正规的品牌农资店，要上正规的渠道购买。名牌大厂化肥产品质量好，养分含量足，严格按照国家标准生产，并明确标注在包装上，买得明白，用得放心。有些小厂产品为谋求暴力，夸大肥料功能造神话，宣传得神乎其神，实际上并没有明显作用，往往是"打一枪换一地"，年年换包装，什么好卖起什么名，换汤不换药，袋儿里装的还是老一套。

3. 买肥料既要算成本账，更要算收入账

大厂名牌化肥看似价格贵，但养分配比合理，各种养分协同促进，吸收利用率高，用少量肥就能获得高产量，节肥且增效，用地养地相结合，农民施用不后悔，年年丰收有保证！

第四章　叶面肥施用技术

通常将在作物根系以外的营养体表面（叶与部分茎表面）施用肥料的措施叫作根外施肥。一般是指将作物所需养分以溶液的形态直接喷施于作物叶片表面，作物通过叶面以渗透扩散方式吸收养分并输送到作物体内各部位，以满足作物体生长发育所需，故又称叶面施肥。可以这样施用的肥料，称为叶面肥料。

果园喷施叶面肥常将植物生长调节剂、氨基酸、腐殖酸、海藻酸、糖醇等生物活性物质或杀菌剂及其他一些有益物质与营养元素配合施用。目前，市场所售的叶面肥料产品也是以上述成分混配而成的功能型叶面肥为主。因此，本章在介绍果园常见无机营养性叶面肥料的同时，也简要介绍一些植物生长调节剂、功能型叶面肥的知识。

第一节　叶面施肥的特点及应用

一、叶面施肥的优势

叶面施肥相对传统土壤施肥是最灵活、便捷的施肥方式，是构筑现代农业"立体施肥"模式的重要元素。高产、优质、低成本是现代农业的主要目标，要求一切技术措施（包括施肥）经济易行，现代农业的发展促使叶面施肥逐渐成为生产中一项重要的施肥技术措施。与根部土壤施肥相比，叶面施肥具有一些特殊的优点。

1. 养分吸收快，肥效好

叶片对养分的吸收速率远大于根部，尿素施入根部土壤后经过4～6d才见效，叶面喷施数小时可达养分吸收高峰，1～2d即能见效；

叶面喷施 2%过磷酸钙浸提液 5min 后便可转运到植株各部位，而土壤施用过磷酸钙 15d 后才能达到此效果。因此，叶面喷施可及时补充果树养分。

2. 针对性强

可及时矫正或改善果树缺素症，尤其是微量元素，不受生长中心的控制，可直接作用于喷施部位。

3. 肥料用量少，环境污染风险小

叶面施肥养分不与土壤接触，避免了因土壤固定和淋溶等带来的肥料损失。一般土壤施肥当季氮利用率只有 25%～35%，而叶面施肥在 24 h 内即可吸收 70%以上，肥料用量仅为土壤施肥的 1/10～1/5，使用得当可减少 1/4 左右的土壤施肥用量，从而降低大量施肥而导致的土壤和水源污染的风险。

4. 施用方法简便、经济

果树叶面施肥基本不受植株高度、密度等的影响，大部分生育期都可进行叶面施肥，尤其是果树植株长大封垄后不便于根部施肥的时候。叶面施肥不仅养分利用率高、用肥量少，还可与农药、植物生长调节剂及其他活性物质混合使用，既能提高果树对养分的吸收效果、增强果树抗逆性，又可防治病虫害，从而降低用工成本，减少农业生产投资。

由于上述诸多优点，叶面施肥已成为农业生产中一项不可缺少的技术措施。但其也有一些不足之处，如养分供应量少、有效期短以及部分元素利用效果差等，故叶面施肥不能代替土壤施肥，只是土壤施肥的一种补充。

二、制约叶面施肥效果的两大因素

叶面施肥为果树供应营养元素存在明显的局限性。首先，叶片表皮的渗透性决定养分从叶片表皮进入组织内部的数量和效率；随后，营养进入到叶片内部后的生理过程（吸收、储存和再利用）则决定元素在植物体内的短期或长期的功能。果树对叶面肥的吸收与利用普遍存在着吸收难、转运慢两大问题。

1. 叶面肥吸收难的问题

一般来说，营养元素通过蜡质层和角质层的孔隙、气孔的孔道从植物叶片表面进入内部。叶表皮细胞外壁上往往覆盖着由脂肪酸、酯类等疏水性有机物组成的蜡质层和角质层，不利于喷施液在叶片表面滞留和向叶片内部渗透，是养分进入叶片内部最主要的障碍。叶面施肥效果主要由肥料性质与叶片特性两方面决定，叶片表面湿润度、肥料浓度等也会通过影响叶表面的物理化学特性和植物体内的生理过程，直接或间接改变养分的吸收效率。研究发现，大量元素一般数小时内可达到叶片内任何部位。中微量元素如锌、钙等在喷施 24h 后至多能渗透到叶片内的 $30\mu m$ 处。

> **提示：** 对于许多果树品种（包括核桃、阿月浑子、苹果、鳄梨、山核桃、澳洲坚果等）而言，在春季喷施叶面肥能达到最大的利用效率，一个原因是果树早春生殖发育对养分可能有更高的需求，另一个重要原因可能是早春幼叶表面在完全展开之前具有较薄的蜡质层和角质层，对叶面肥具有更强的吸收能力。

2. 养分进入叶片后转运慢的问题

叶面喷施的养分从叶表面渗透到叶片内部后，其营养功效和生理有效性不仅取决于叶片细胞对养分的吸收能力，而且也与养分向其他部位（果实、幼叶等）的转运与再利用能力相关。在果树的研究中，关于叶面喷施的中、微量元素在叶片内部如何被再转运与再利用等关键机理仍知之甚少，且普遍认为中、微量元素的移动性可能与果树的品种有关。可见，某些元素从果树叶片喷施部位向外转运十分有限，严重影响了叶面肥的作用效果和施用效率。

三、表面活性剂在叶面喷施技术中的应用

表面活性剂由于具有增溶、乳化、润湿、助悬以及改变植物叶片结构等特点而广泛地应用于叶面肥。目前，叶面肥加工和使用的核心内容是如何选用和搭配表面活性剂种类，以便使肥料的有效成分能够均匀到达靶标表面，形成最有效的剂量转移，因此，一些高

效、安全、经济和环境友好的表面活性剂正在兴起。

叶面肥中所用的表面活性剂均属于正吸附型，根据其在水中是否解离以及基团带电情况，可分为离子型和非离子型；离子型又包括阳离子型、阴离子和两性离子型，此外还有特种表面活性剂（如有机硅、含氟和天然表面活性剂），当不同的表面活性剂相容性好且具有协同作用时，将其复配可达到更好的植物吸收效果。

提示： 考虑到溶液性质、价格、毒性的高低、降解的难易程度等因素，阳离子型不适用于叶面肥；两性离子型表面活性剂在低浓度时对叶面肥表面张力的影响没有阴离子型和非离子型好，因而也不宜用在叶面肥上；叶面肥中的润湿剂和渗透剂常选用阴离子型和非离子型表面活性剂。阴离子表面活性剂是产量最大、品种最多的一类表面活性剂产品。

四、无人机在叶面喷施技术中的应用

近年来，植保无人机的应用为叶面喷施技术在农业中的应用带来了新的机遇和挑战。

与传统农作方式相比，无人机有更大的优势。①提高叶面肥喷洒的安全性。避免人与有害物质深度接触，从源头解决中毒问题，保护作业人员的身体健康。②工作效率高。目前，市场上的药肥一体化无人机即大疆 T30 无人机喷洒作业量为 240 亩/h，施肥流量高达 40～50kg/min，药肥一体化无人机喷洒效率为人工喷洒的 60～100 倍。③节约水肥。利用无人机喷洒叶面肥，叶面肥浓度高，用水量少，且喷洒目标相对准确，从而节约了肥料用量及喷肥时间，明显降低生产成本。④效果好。无人机具有空中悬停的功能，可以对特殊区域或者单株（树木）喷洒，作业高度低，飘移少，同时由于下旋气流而产生的上升气流可使叶面肥雾滴直接沉积到植物叶片的正反面，吸收效果较好。

无人机在喷施叶面肥方面的应用存在一些亟待解决的问题。①续航时间短。目前，市面上无人机大多使用锂电池，锂电池续航时间基本都在 10～20min，电池续航时间短，导致无人机需要较多备用电池，不能完成长时间飞行任务，飞行效率低。②载荷量低。传统人工背负式喷雾器载荷量为 15～20kg，国内主流植保无人机的载荷量为 10kg。果园常用机械带动的弥雾机或普通喷药机一般载荷量为 500～1 500kg。对于规模化果园，载荷量过低的植保无人机可能并不适用。③肥料使用浓度目前仍不明确，需要进一步试验研究。相同作业面积下，无人机喷施用水量不超过背负式喷雾器的 1/10，与机械带动的弥雾机用水量更是相差甚远。因此，要想高效率的达到相同的喷施效果，药剂浓度应该高于常规喷施方式。提高浓度的同时，还需考虑高浓度肥液对叶片的灼伤问题。④无人机成本过高。无人机好用，但使用、保养成本高，搁置不用容易坏，尤其是电池损耗快。同时，每年的维护费用较高，操作失误容易导致坠机，增加了无人机在农业作业中的使用成本。⑤专业飞行人员匮乏。随着无人机的普及，无人机飞手也应运而生，但是专业的无人机飞手并不多，特别是专业的药肥一体化无人机飞手。专业飞手匮乏导致飞行作业无法实现精准喷洒，难以发挥药肥一体化无人机优质的作业效果。

第二节　果园叶面施肥技术

果树施肥一般分基肥和追肥，追肥又可分为土壤追施和叶面追施。由于叶面施肥具有简单易行、用肥量少、肥效快、养分利用率高、效果明显等特点，还可避免土壤施肥的固定、流失，同时也可补充树体对水分的需要，并可与防治病虫害的某些农药混用，一举多得，省工省时。因此，叶面施肥是果树生产上不可忽视的一种施肥措施。叶面施肥可以作为土壤施肥的一种辅助，实现及时、快速地补给植株体营养的目标。生产上，应在土壤施肥的基础上适时适量地进行叶面施肥。

一、果树叶面施肥的作用与效益

叶面施肥能够为果树补充营养，特别是高温、干旱、涝害等胁迫或者树势较弱等造成根系无法从土壤中正常吸收养分时，叶面施肥能够有效补充养分。

根据果树生长发育和品质形成规律，适时适量进行叶面施肥可以有效提高果树的坐果率，促进或抑制新梢生长，提高产量和改善品质。如苹果盛花期喷施氮和硼肥可有效提高坐果率和减少缩果病的发生，幼果期喷施氮肥能促进幼果膨大，5～6月喷施磷肥能有效地促进花芽分化，套袋前和摘袋后喷施钙肥能有效降低苹果苦痘病的发生率。当微量元素缺乏或潜在缺乏时，适时适量地喷施微量元素可及时、有效地防治微量元素缺素症。

叶面施肥还可以有效防止果树发生裂果。裂果是果树的一种生理病害，柑橘、桃、梨、李、杏、樱桃、枇杷等某些树种都有裂果现象。裂果后可引起病菌及灰尘污染，造成落果、果实腐烂，降低产量和品质，严重影响商品价值。果树裂果一般于果实中后期易出现，除品种本身特性外，还由于气候的变化，引起水分、养料、内源激素的失调。

提示： 一般高温干旱后骤雨，裂果将会严重发生。因此，防止裂果的根本措施是要解决果树水分、养分及激素的协调关系，除了选择抗裂性强的树种以及相应的科学栽培管理技术外，叶面施肥也是一种行之有效的防治措施。

叶面施肥还可以提高树体贮藏营养水平。果树是多年生作物，树体贮藏营养水平的高低对于翌年春天萌芽、展叶、新梢生长、开花、坐果和幼果膨大非常重要，特别是果树发育期短的树种，如樱桃。秋季落叶前，根系吸收功能下降，此期通过叶面施肥，可以有效延缓叶片衰老，提高叶片制造养分的能力和树体贮藏营养水平。

提示： 对于北方落叶果树来说，某些地区冬天降温较快，常发生叶片未经自然脱落而提前冻死在树上的现象，此时叶片内的养分无法回流到树体内部，影响了贮藏营养的积累。这种情况下，我们可以通过提前喷施叶面肥的方式促进叶片的养分回流和自然脱落，从而避免叶片冻死在树上的情况发生。

二、影响果树叶面施肥效果的因素

1. 肥液在叶面上存留的时间与数量

只有使足够量的营养液较长时间地保留在叶面、枝干或果实上，才能保证其被充分吸收，达到理想的喷施效果。这主要与以下两个方面有关。

（1）叶片表面的结构特点　果树的叶片特征影响喷施液在叶面上的存留时间与数量，如叶片的直立性状、平滑度以及气孔的凸起或凹陷、毛状体的多少、角质层的厚薄等，均会影响肥液在叶面上的存留时间与养分的吸收量。如果叶片表面毛状体多，常因喷施液水珠被毛状体支撑而不能直接与叶片表面接触，使其中的养分难以被叶片吸收。一般叶背面较叶表面气孔多、角质层薄，并具有疏松的海绵组织和大的细胞间隙，有利于养分渗透而被吸收；因幼叶生理机能旺盛，叶面气孔所占比例较大，所以其吸收强度较老叶大，有利于吸收叶面养分。

（2）喷施液在叶面的喷洒量　喷施液在一定用量范围内，树体上的存留量与喷洒量成正比，但超过一定限度后，则会致使喷施液大量流失而引起养分损失。一般喷施液于叶面的最适喷洒量以液体将要从叶片上流下而又未流下（欲滴而未滴状态）最佳。

2. 肥料的特性

（1）肥料的种类与浓度　不同养分进入叶内的速度有明显差异。营养物质进入叶片的速度是决定其能否作为叶面肥的重要条件之一。同时，养分溶液的浓度与养分被吸收的速度有关。经研究，多数肥料一般是浓度越高吸收越快，但氯化镁的吸收与浓度无关。

（2）喷施液的酸碱度　碱性溶液有助于阳离子养分（如 K^+、Mg^{2+}、Ca^{2+} 等）的吸收，酸性介质则有助于阴离子养分（如 NO_3^-、$H_2PO_4^-$、HPO_4^{2-} 等）的吸收。

3. 气候条件

温度是对叶面施肥影响较大的气候条件之一。通常在一定温度范围内，温度较高时叶面喷施效果较好，但超过一定限度后，高温将抑制养分的叶面吸收。这是因为高温一方面能促使喷施液浓缩变干，另一方面易引起叶片气孔关闭而不利于养分吸收。因此在气温较高时，叶面喷施时雾滴不可过小，以免水分迅速蒸发而发生肥害。一般情况下，叶面施肥的适温范围为 $18\sim25℃$，因此叶面喷施要避开光照强的中午，在半阴无风天进行效果最好，晴天最好选择无风的上午 10 时前（露水干后）或下午 4 时后进行。

叶面施肥有效期短，一般仅能维持 $12\sim15d$，需连续喷洒 $2\sim3$ 次以上才可明显见效，而且长期喷施会影响根系生长，削弱根系的生理功能。只有根据果树地上部和地下部动态平衡关系，选择科学合理的施肥技术，才能实现果树的高产、稳产和优质，并提高果树对肥料的利用率。

> **提示：** 叶面施肥只能作为土壤施肥的一种辅助措施，以达到及时、快速地补给植株体营养的目的。在生产上，应在土壤施肥的基础上适时适量地进行叶面施肥。

三、果树叶面施肥技术要点

1. 确定适宜喷施浓度

喷施浓度要根据树种、气候、物候期、肥料的种类而定。在不发生肥害的前提下，可以尽量使用高浓度，最大限度地满足果树对养分的需求。但在喷施前必须先做小型试验，确定能否引起肥害，确认不会引起肥害后，然后再大面积喷施。一般气温低、湿度大、叶片老熟时，喷施液对叶片损害轻，喷施浓度可适当加大，反之则应适当将喷施浓度降低。

2. 适时适量喷施

理论上，自果树展叶开始至叶片停止生长前，都可以进行叶面施肥。但尤以在果树急需某种营养元素且表现出某些缺素症状时，喷施该营养元素效果最佳。如一般果树在花期需硼量较大，此时喷施硼砂或硼酸均能提高坐果率。当叶面积长到一定大小时喷施最佳，如幼叶对肥液反应敏感，但叶面积太小，接触面积也小，所以喷施效果就会差些。适时喷施可以在更大程度上发挥叶面喷施效果，盛花期喷磷肥可提高坐果率；钾肥多在果树生长中、后期使用，幼果期喷施钾肥能促进幼果膨大，后期喷施钾肥（适当配施磷肥）可提高果实含糖量和促进着色；而微量元素一般可在花前、花后喷施。秋季叶面喷肥可延长叶片功能，利用果树叶片吸收营养元素，蓄积养分，为翌年果树的花芽分化及生长发育提供养分，确保明年果树丰产丰收，同时还可以避免肥料过度集中于树体营养中心而造成果树徒长。

3. 确定最佳喷施部位

叶面喷施时一般侧重喷洒叶背面。不同营养元素在果树树体不同部位的移动性和再利用率各不相同，因此喷施部位也有所区别。微量元素在树体内移动性差，最好直接喷于最需要的器官上，如幼叶、嫩梢、花器或幼果上，硼应喷洒到花朵上才能更好地提高坐果率，钙喷洒在果实表面可有效防止果实生理性缺钙或提高果实耐储性。

4. 选择适宜肥料品种，防止产生肥害

不同树种对同一种肥料反应不同，如苹果喷施尿素效果明显，而柑橘和葡萄就表现差些。因此，应根据肥料特性和树种等因素选择适宜的肥料品种、确定适宜的肥料浓度以及选用适宜的喷施次数，以免产生肥害。另外，喷施肥料种类的具体选择还要根据树体的营养状况和果实的多少而定。

> **提示：** 如对结果多、消耗营养多的果树，可喷施氮肥补充营养，能显著提高翌年花量，提高果品产量和质量；对旺树、幼树、当年产量低或没产量的果树，应喷施磷、钾肥，以促进花芽形成，进而达到早结果、早丰产的目的等。

5. 注意肥料溶液酸碱度

叶面肥的酸碱度要适宜，营养元素在不同的酸碱度条件下，会

呈现出不同的状态。要发挥肥料的最大效益，必须使其在合适的酸碱度范围，一般要求酸碱度在 5～8，过高或过低，除营养元素的吸收受到影响外，还会对叶片产生危害。

6. 合理混配

进行叶面施肥时，可将 2 种或 2 种以上的叶面肥合理混用，也可将叶面肥和农药混合喷施，这样既能节省喷洒的时间和用工，又能获得较好的增产效果，起到一喷多效的作用。但混喷前，一定要先弄清肥料和农药的性质，确定不同肥料或与农药之间混施时不会产生沉淀、肥害或药害。如果肥料之间性质相反，一个是酸性肥，一个是碱性肥，绝不可混合喷施。如尿素为中性肥料，可和多种农药混施。但是各种微量元素叶面肥都是酸性肥，不能与草木灰等碱性肥料混合；而锌肥则不能与过磷酸钙混喷。

提示： 在将不同的肥料或农药混用前，可先各取少量溶液放入同一容器中，如果没有产生混浊、沉淀、冒气泡等现象，表明可以混用，否则便不能混用。混合配置喷施液时，一定要搅拌均匀，现配现用，不能久存。一般先把一种肥料配制成水溶液，再把其他肥料按用量直接加入配置好的肥料溶液中，溶解均匀后进行喷施。另外，在叶面喷施肥液时，适当添加助剂，提高肥液在植物叶片上的黏附力，促进肥料的吸收。

四、果树叶面施肥常用肥料种类与适宜浓度

1. 营养型叶面肥

本书中第三章第一节中所列出的肥料中水溶肥料以及其他水溶性较好的肥料原则上均可作为营养型叶面肥喷施。根据实践经验，一般大量元素的喷施浓度为 0.2%～2.0%，微量元素的喷施浓度通常为 0.1%～0.5%，其中，特别是锌、铜、钼的施用浓度应适当降低些。

下面就果园中常用的几种营养型叶面肥喷施浓度、时期、次数以及注意事项进行详细阐述。

（1）尿素　尿素是固体氮肥中的中性有机物，在正常使用浓度下一般不会引起细胞质壁分离及其他副作用，也可以被植物很快同化利用，一直被广泛用作大量元素叶面肥的主要原料。如遇果园氮素等缺乏问题，尿素也可以作为叶面肥单独喷施，是果树补充氮素的好肥料。

尿素在果树生长的整个时期均可施用，对于缺氮的果园随时可以通过喷施尿素的方式进行补充营养。不同生育期尿素喷施使用浓度不同。在果树生长季前期（春季）尿素适宜的喷施浓度略低，建议喷施浓度为 $0.2\%\sim0.3\%$；生育后期喷施浓度可适当提高至 $0.3\%\sim0.5\%$。对于北方落叶果树，尿素还可以在休眠期和落叶前施用。以苹果为例，萌芽前树干喷施浓度为 $2\%\sim3\%$，连续喷施 3 次，间隔 $5\sim7d$，可以有效增加贮藏营养；果实采收后到落叶前喷施浓度为 $1\%\sim10\%$，连续喷施 $3\sim5$ 次，间隔 7d 左右，可以起到促进树体养分回流，增加贮藏营养的效果，其他落叶果树可以参考施用。

> **提示：** 尿素与其他肥料配施可以提高养分渗透能力，提高对应养分尤其是微量元素肥料的施用效果。如，在防治缺铁失绿黄化时，叶面喷施 0.3%（硫酸亚铁尿素）混合液比单喷 0.3% 硫酸亚铁溶液的效果要好得多，这是因为尿素以络合物的形式与 Fe^{2+} 形成络合态铁，提高了植物对铁的吸收利用率，这种有机络合铁肥造价低、运用简便、可推广性强，因而得到广泛应用。尿素还可以配合磷酸二氢钾、硫酸锌等多种肥料施用。

另外，将尿素、洗衣粉、清水按 4∶1∶400 比例混配，搅匀后（俗称尿洗合剂）用于叶面喷施可防治果树上的蚜虫、红蜘蛛、菜青虫等害虫，效果明显。

（2）磷酸二氢钾　磷酸二氢钾是果园最受欢迎的肥料，用以补充树体磷、钾养分，促进花芽分化、果实着色，提高果实品质、树体抗病力。

果树整个生育期均可喷施磷酸二氢钾，前期可相对较少，重点在中后期使用。磷酸二氢钾喷施适宜浓度为 $0.2\%\sim0.4\%$，间隔 $7\sim10d$ 喷 1 次，喷施 $2\sim3$ 次为宜。在确定对果实没有灼烧的情况下，适当提高浓度，以加强喷施效果。重点喷施时期可以选择花芽分化期、果实膨大期和着色期。

磷酸二氢钾和尿素、硼肥及钼肥、螯合态微肥及农药等合理混施，可节省劳力，增加肥效与药效。磷酸二氢钾可与敌百虫、拟除虫菊酯类农药混合喷施。此外还可与一些生长激素混施，如萘乙酸、矮壮素、多效唑、氯化胆碱等。

提示： 碱性产品不宜和磷酸二氢钾混合使用，如波尔多液、氢氧化铜等。1%磷酸二氢钾的水溶液 pH 在 4.6 左右，呈酸性，和碱性的肥料及农药混用会发生化学反应，出现絮结、沉淀、变色、发热、产生气泡等不正常现象，导致磷酸二氢钾的功能失效。部分肥料和农药在溶解于水后会有游离态的锌离子、铜离子、锰离子、铁离子等产生，可与磷酸根反应产生沉淀，不可与磷酸二氢钾混用。诸如此类的产品有硫酸锌、硫酸亚铁、硫酸锰、硫酸铜等，糖醇锌、非络合态代森锰锌、杀毒矾、甲霜灵锰锌、氢氧化铜、碱式硫酸铜、硫酸铜钙、波尔多液、氧化亚铜、络氨铜等。

（3）硝酸钙、农用硝酸铵钙 $[5Ca(NO_3)_2 \cdot NH_4NO_3 \cdot 10H_2O]$、氯化钙、螯合钙（EDTA-Ca） 钙素缺乏是果园生产中较为常见的现象，而且果实缺钙直接影响商品果率，应当给予足够的重视。苹果苦痘病、水心病，杨梅、樱桃、荔枝、龙眼、柑橘和西瓜的裂果，桃、猕猴桃和杧果的果肉软化病，草莓的叶焦病等均是由果树缺钙引起的。缺钙常发生在果实和生长旺盛的幼嫩组织，叶面和果面喷钙是补钙的有效方法。果树每年有 3 次需钙高峰，第一次在幼果期（落花后 $20\sim30d$），第二次在果实膨大期，第三次在采果前 $20\sim30d$。幼果期补钙尤为关键，此时期喷施钙肥应该作为果园常规施肥措施。一般需要喷施 $3\sim4$ 次，每次间隔 $7\sim10d$。幼果期可以使用较低浓度，果实膨大期使用较高浓度。

生产中可见的补钙肥料主要有硝酸钙、氯化钙和硝酸铵钙。由于硝酸钙属于易制爆品，购买渠道较少，目前果园中补钙产品以硝酸铵钙和氯化钙为主。硝酸钙的喷施浓度为 $0.3\% \sim 0.5\%$，四水硝酸钙喷施浓度宜为 $0.45\% \sim 0.7\%$，氯化钙的使用浓度为 $0.2\% \sim 0.3\%$。硝酸铵钙的喷施浓度目前可参考的数据很少，建议参考硝酸钙的浓度喷施（$0.3\% \sim 0.5\%$）。螯合钙一般施用倍数为 $1\,500 \sim 2\,000$ 倍，即 $0.05\% \sim 0.075\%$；糖醇螯合钙一般施用倍数为 $1\,000 \sim 1\,500$ 倍，即 $0.025\% \sim 0.05\%$。

> **提示：** 大部分果树可以喷施氯化钙（柑橘除外，耐氯能力弱，易遭受毒害）；硝酸钙和硝酸铵钙在补钙的同时，也能补充氮元素，因此相对适合在前期使用，但在转色期建议用氯化钙替代硝酸钙；缺钙土壤，除根外喷施钙肥外，更应重视土壤施钙（硝酸铵钙）以达到作物根系补钙的目的；根外喷施钙肥除喷叶面外，重点喷在果实上；不要在高温、干燥或缺水情况下喷施，也不要和其他农药混合使用（钙离子可与多种离子产生化学沉淀）。

　　（4）硫酸镁（$MgSO_4 \cdot 7H_2O$）、螯合镁（EDTA-Mg）　缺镁引起的树叶黄化也是果园中常见的生理性病害。一般情况下，正常生长的果树无须特意通过土施或喷施的方式补充镁营养。当果园出现缺镁引起的黄化现象后，一是通过增施有机肥，以此补充土壤中镁的含量；二是在发病当年和第二年果树生育期的前期喷施 $1\% \sim 2\%$ 硫酸镁或 $1\,500 \sim 3\,000$ 倍的螯合镁，连续喷 $3 \sim 4$ 次，每次间隔 $7 \sim 10d$。硫酸镁、螯合镁应于干燥处存放并且可与多数肥料、农药混用。

　　（5）硫酸锌（$ZnSO_4 \cdot 7H_2O$、$ZnSO_4 \cdot H_2O$）　缺锌会引起小叶病、丛叶病、果形小、果形不整、果粒大小不一、果穗散乱等生理性病害。果树正常生长的果园无须特意通过土施的方式补充锌元素。当果树出现缺锌症状时，首先确定是否由土壤有效锌含量低导致。如果土壤有效锌含量偏低（土壤有效磷含量高或者高 pH 等因素会导致土壤中锌的有效性下降），在增施有机肥的同时，可以每亩施用 1kg 硫酸锌（$ZnSO_4 \cdot 7H_2O$），同时在关键时期喷施硫酸锌或市售叶面锌肥。

北方落叶果树，萌芽前和落叶后可喷施 2% 的硫酸锌（$ZnSO_4 \cdot 7H_2O$，如果是 $ZnSO_4 \cdot H_2O$，质量浓度可调整为 1%～1.5%）；萌芽后的落叶果树和常绿果树 $ZnSO_4 \cdot 7H_2O$ 的喷施浓度为 0.3% 左右。每个时期连续喷施 3 次以上，每次间隔 5～7d。硫酸锌作为叶面肥喷施时，为提高锌肥效果可配施磷酸二氢钾或尿素等肥料。

（6）硫酸亚铁（$FeSO_4 \cdot 7H_2O$）、螯合铁（EDTA-Fe）、柠檬酸亚铁（$C_6H_8FeO_7$）　缺铁失绿在北方果园较为常见，尤其是土壤呈碱性的果园。果园发生缺铁现象一般通过叶面施肥来进行纠正。一般情况下，新梢旺长期缺铁现象较为常见，螯合铁的使用浓度为 0.1%～0.2%，$FeSO_4 \cdot 7H_2O$ 的使用浓度为 0.2%～0.5%，柠檬酸亚铁的使用浓度为 0.1%～0.2%，出现症状后可选择上述其中的一种，连续喷施 3 次，每次间隔 7d 左右。

> **提示：** 由于铁肥在叶片上不易流动，不能使全叶片复绿，只是喷到肥料溶液处复绿（星斑点状复绿），因此需要多次喷施，并应喷匀、喷细，叶的正面、反面都要喷到。配制肥料时可加配尿素和表面活性剂，以提高喷施效果。

（7）硼砂（$Na_2B_4O_7 \cdot 10H_2O$）、硼酸（H_3BO_3）　与果实缺钙一样，缺硼也直接影响果园的商品果率，缺硼严重的果园会造成果农的重大经济损失，尤其是干旱年份缺硼现象易发，应给予足够重视。"花而不实"、果实畸形（苹果缩果病）、柑橘石头果、油橄榄多头病等均是硼缺乏导致的。

果树正常生长的果园无须通过土施的方式补充硼营养，但在果树花期喷施硼肥应作为果园的常规施肥措施。如果果树出现了缺硼症状，则应在叶面喷施的同时，通过增施有机肥和硼肥补充土壤中的硼元素。土壤施用硼砂时可以按照每亩果园 2kg 施用。硼砂或

硼酸的喷施浓度为 $0.1\%\sim0.3\%$，没有缺素症状的可以进行低浓度喷施，有明显症状的按照高浓度喷施。喷施时期为花期和幼果期，每个时期连续喷施 2 次，间隔 $5\sim7d$。

2. 功能型叶面肥

按照本书第三章所陈列的内容，市场所售可以作为功能型叶面肥的主要有含氨基酸水溶肥料（分为大量元素型和微量元素型）、含腐殖酸水溶肥料（分为大量元素型和微量元素型）、含有机质叶面肥料。每一类肥料按剂型又分为固体产品和液体产品两类。此类肥料商品化种类繁多，使用时应严格按照使用说明书施用，同时注意参考上述技术要点。

功能型叶面肥或者水溶肥（市场也有称之为特肥）是无机营养元素和生物活性物质或其他有益物质混配而成的，肥料产品在提供养分的同时，又能改土、促根、调节作物生长发育。水溶肥或叶面肥产品中常用的功能型有机物质有腐殖酸、肥料用氨基酸、糖蜜发酵液、海藻液、糖醇、甲壳素（甲壳质）、木醋液或竹醋液、植物生长调节剂等。

（1）腐殖酸　有生化黄腐酸和矿物（天然）黄腐酸之分。腐殖酸施入土壤可以改良土壤的物理、化学、生物性质；腐殖酸复杂的分子结构对化学肥料具有调控和增效作用，对作物来讲有促根抗逆、增产提质多重功效。

（2）肥料用氨基酸　本身可为植物直接提供有机氮源；进入植物体后可以直接作为植物生长素和生长物质的前体物质发挥直接作用；同时能螯合微量元素，提高其利用效率；对作物抗逆性也有帮助，通过综合影响提高瓜果类品质。

（3）糖蜜发酵液　一种同时含有腐殖酸、氨基酸、无机养分等营养物质的混合物，对作物生长发育有积极的作用，因此，在改良土壤、增强抗逆性，提高产量和品质方面均有一定作用。

（4）海藻液　海藻及提取物（海藻酸）中含有多种植物生长调节剂（如植物生长素、细胞分裂素、赤霉素、脱落酸、乙烯、甜菜碱）和海藻酸。海藻酸在螯合微量元素、改良土壤物理化学性质方面与腐殖酸有类似的功能，同时，海藻酸钾盐的利用率也远高于无机态的钾肥。由于海藻液中含有活性物质，因此，在促进种子萌发、改善果实品质和增强作物抗逆性方面均有明显效果。

（5）糖醇 广泛存在于植物体内的多羟基化合物，是光合作用的初产物。能够参与细胞内渗透调节，提高作物抗逆性；有利于中微量元素，特别是钙、硼在作物体内的运输，进而促进作物生长，提高产量、改善品质。

（6）甲壳素（甲壳质） 一种多糖，化学结构与纤维素相似，可以转化为壳聚糖。甲壳素可提高作物抗病性，对于真菌性和细菌性病害均有一定的防治效果，因此也被作为病害抑制剂使用。甲壳素和壳聚糖含有丰富的碳、氮元素，还可以调节植物的氮代谢，也可以螯合中微量元素，提高其利用效率。甲壳素是土壤有益微生物的营养源，可以改善土壤中微生物的生态环境，对植物根系有利。

（7）木醋液或竹醋液 含有钾、钙、镁、锌、铬、锰、铁等矿物质，此外，还含有有机酸类、酚类、醇类、酮类、维生素等天然有机化合物，其发挥作用的机理与前面所述海藻液等类似。

（8）植物生长调节剂（植物激素） 主要有四类：一是植物生长促进剂，如赤霉素、萘乙酸、吲哚丁酸等；二是植物生长延缓剂或抑制剂，如乙烯利、矮壮素、烯效唑、脱落酸、调环酸钙等；三是细胞分裂素，如 6-BA、TDZ、赤霉素（GA_4、GA_7）、芸薹素等；四是系统平衡类，如芸薹素类、茉莉酸类、促保利素、超氧化物歧化酶等。

> **提示：** 植物生长调节剂与水溶肥料混合喷施时，一定要注意三点：一是调节剂与水溶肥料的 pH 要一致，避免调节剂分解失效；二是配以表面活性剂或螯合剂，保证功效；三是喷施浓度和时间要合适，植物生长调节剂对环境温度较为敏感，要在适合作物生长的温度和恰当的浓度下施用。

（9）生物提取物类 从不同生物体如海藻、蚯蚓、树木，甚至甘蔗渣、秸秆发酵料中提取的原液或稀释液，对作物往往具有较好的提供营养作用和生理调节作用。我国已先后应用柚橙树干馏物分离的产物，甘蔗渣发酵产物，海藻和蚯蚓提取物作为叶面肥料施用。也可将化肥养分、其他生长调节剂等与其复配应用。但由于有的产品价格较高，有的肥效不够稳定，因而产品生命期不长，实际施用面积不大。

另外，市场上还出现了以稀土元素和有益元素为主的叶面肥料，在某些果树上也有一定的效果，但应用相对较少。

提示： 近十年来，可归属于上述几类叶面肥料的叶面肥商品近千种，实际上已很少有应用单一原料配制的产品。为了同时发挥多种养分与多种成分的作用，减少喷施次数和用工，目前最主流的趋势是复合型叶面肥料，但作物的叶面营养毕竟是根系营养的补充，故对这类肥料的选用需科学合理，宜结合当地土壤养分条件及作物需肥特点，避免带来种植收益损失。

第五章 落叶果树施肥管理方案

第一节 苹果施肥管理方案

一、果园周年化学养分施入量的确定

结果期树：苹果树形成 1 000kg 经济产量所需要吸收的 N、P_2O_5、K_2O 的量分别为 3kg、0.8kg、3.2kg。在传统施肥方式和中等土壤肥力条件下，考虑到肥料利用率及土壤本身供肥量等因素，我们将 1 亩苹果园每生产 1 000kg 经济产量所需要补充的化学养分 N、P_2O_5、K_2O 施入量分别定为 8kg、4kg、8kg。在此基础上，将土壤肥力简单划分为低、中、高 3 级，施肥方式设定为传统施肥和水肥一体化施肥。土壤肥力判断不明确的情况下，按照中等肥力进行施用（表 5-1-1）。

表 5-1-1　生产 1 000kg 苹果每亩需要施入的化学养分量

单位：kg

肥力水平/有机质含量（SOM）	传统施肥			水肥一体化		
	N	P_2O_5	K_2O	N	P_2O_5	K_2O
低肥力（SOM<1%）	10	5	10	7.5	3.75	7.5
中等肥力（1%<SOM<2%）	8	4	8	6	3	6
高肥力（SOM>2%）	6	3	6	4.5	2.25	4.5

未结果树：未结果树及亩产量低于 1 000kg 的果园按照果实亩

产量 1 000kg 计算氮用量，N、P_2O_5、K_2O 按照 2∶2∶1 比例施用，即每亩施入化学形态 N、P_2O_5、K_2O 的量分别为 8kg、8kg、4kg。在此基础上，将土壤肥力简单划分为低、中、高 3 级，施肥方式设定为传统施肥和水肥一体化施肥。土壤肥力判断不明确的情况下，按照中等肥力进行施用（表 5-1-2）。

表 5-1-2　未结果树每亩需要施入的化学养分量

单位：kg

肥力水平/有机质（SOM）	传统施肥			水肥一体化		
	N	P_2O_5	K_2O	N	P_2O_5	K_2O
低肥力（SOM<1%）	10	10	5	7.5	7.5	2.75
中等肥力（1%<SOM<2%）	8	8	4	6	6	3
高肥力（SOM>2%）	6	6	3	4.5	4.5	2.25

二、施肥时期与次数

传统施肥方式全年分为 3 个施肥时期，分别为秋季基肥期（9 月中旬至 10 月上旬）、春季追肥期（套袋前后）、夏季追肥期（7～8 月膨果期，早熟品种适当提前），考虑到传统施肥较为费工费时，每个时期施肥 1 次。

水肥一体化方式全年分为 4 个施肥时期，分别为秋季基肥期（9 月中旬至 10 月上旬）、萌芽-开花-幼果期、春梢旺长期、春稍停长-果实膨大期。施肥总量不变的前提下，根据时间段每个时期施用 2～3 次，每次间隔 7d 以上。全年施肥次数不少于 7 次。

三、不同施肥期氮、磷、钾肥施用比例

结果期苹果树需要考虑树体发育、花芽分化、果实品质形成等诸多因素，需根据各物候期果树对肥料的需求进行分配（表 5-1-3、表 5-1-4）。

表 5 - 1 - 3　结果期传统施肥方式氮磷钾肥施用比例

肥料	秋季基肥期	春季追肥期	夏季追肥期
氮肥	40%	40%	20%
磷肥	50%	30%	20%
钾肥	30%	20%	50%

表 5 - 1 - 4　结果期水肥一体化方式氮、磷、钾肥施用比例

肥料	秋季基肥期	萌芽-开花-幼果期	春梢旺长期	春梢停长-果实膨大前期
氮肥	40%	20%	30%	10%
磷肥	30%	15%	25%	30%
钾肥	30%	10%	25%	35%

未结果期树肥料在各物候期均匀分配即可。

四、不同施肥期氮、磷、钾养分施用量

中等肥力条件下，不同施肥期氮、磷、钾养分施用量见表 5 - 1 - 5、表 5 - 1 - 6。

表 5 - 1 - 5　生产 1 000kg 苹果传统施肥方式每亩养分施用量

单位：kg

养分	秋季基肥期	春季追肥期	夏季追肥期
N	3.2	3.2	1.6
P_2O_5	2	1.2	0.8
K_2O	2.4	1.6	4

表 5 - 1 - 6　生产 1 000kg 苹果水肥一体化方式每亩养分施用量

单位：kg

养分	秋季基肥期	萌芽-开花-幼果期	春梢旺长期	春梢停长-果实膨大期
N	2.4	1.2	1.8	0.6

（续）

养分	秋季基肥期	萌芽-开花-幼果期	春梢旺长期	春梢停长-果实膨大期
P$_2$O$_5$	0.9	0.45	0.75	0.9
K$_2$O	1.8	0.6	1.5	2.1

五、不同施肥期的具体施肥操作

品种、种植模式、管理方式会导致单位面积苹果产量有较大差异。为方便大家使用，下面列出单位面积（亩）、单位产量（1 000kg)的肥料投入量。具体施用时，可以以此为依据进行简单计算得出施肥量。

1. 传统施肥方式

（1）秋季基肥期肥料施用方法及用量 宽行密植果园可在树行一侧（隔年在另一侧）或者两侧机械开平行沟；稀植果园可在果树四周开环状沟或放射沟；沟宽 30cm、深 40cm 左右。也可在树四周挖 4～6 个穴，直径和深度为 30～40cm，每年交换位置。施肥时将有机肥与各类化肥一同施入，与土混匀覆盖后，及时灌水。

表 5-1-7 提供了本时期生产 1 000kg 苹果需要补充的化学肥料用量，也可以每生产 1 000kg 苹果施用氮、磷、钾含量接近 24-15-18 的复合肥 15kg。具体肥料亩用量根据果园产量按倍数计算，施用时按照株行距换算成单株或单行用量进行施用。

表 5-1-7 生产 1 000kg 苹果秋季基肥期每亩肥料施用量

肥料类型	化学肥料用量（kg）	备注
尿素（N，46%）	3	每亩须配合施用 2 000kg 优质堆肥或 500～1 000kg 商品有机肥
15-15-15 复合肥	15	
农用硫酸钾（K$_2$O，50%）	1	

（2）春季追肥期肥料施用方法及用量 春季肥料施用时开沟方式可参照秋季基肥期，此时肥料类型只有化学肥料，开沟或穴

的深度和宽度可以在 20～30cm。各类肥料与土混匀覆盖后，及时灌水。

表 5-1-8 提供了本时期生产 1 000kg 苹果需要补充的化学肥料用量，也可每生产 1 000kg 苹果施用氮、磷、钾含量接近 24-9-12 的复合肥 15kg。具体肥料亩用量根据果园产量按倍数计算，施用时按照株行距换算成单株或单行用量进行施用。

表 5-1-8　生产 1 000kg 苹果春季追肥期每亩肥料施用量

肥料类型	化学肥料用量（kg）
硝酸铵钙（N，15%；Ca，18%）	15
15-15-15 复合肥	8
农用硫酸钾（K_2O，50%）	1

（3）夏季追肥期肥料施用方法及用量　施用方法与春季追肥期相同。

表 5-1-9 提供了本时期生产 1 000kg 苹果需要补充的化学肥料用量，也可每生产 1 000kg 苹果施用氮、磷、钾含量接近 12-6-30 的复合肥 15kg。具体肥料亩用量根据果园产量按倍数计算，施用时按照株行距换算成单株或单行用量进行施用。

表 5-1-9　生产 1 000kg 苹果夏季追肥期每亩肥料施用量

肥料类型	化学肥料用量（kg）
尿素（N，46%）	2
15-15-15 复合肥	5
农用硫酸钾（K_2O，50%）	6.5

2. 水肥一体化方式

（1）秋季基肥期肥料施用方法及用量　有机肥的施用参照传统施肥方式开沟施用。化肥的施用通过水肥一体化系统注入。

表 5-1-10 提供了本时期生产 1 000kg 苹果需要补充的化学肥料用量，也可以施用氮、磷、钾含量接近 24-9-18 的水溶肥料

10kg。具体肥料亩用量根据果园产量按倍数计算。全部肥料分3～4次施入，每次肥料用量均衡施入或前多后少施入。

表5-1-10　生产1 000kg苹果秋季基肥期每亩肥料施用量

肥料类型	化学肥料用量（kg）	备注
尿素（N，46%）	3.5	每亩须配合施用2 000 kg优质堆肥或500～1 000kg商品有机肥
磷酸一铵（工业级；N，11.5%；P_2O_5，60.5%）	1.5	
硝酸钾（一等级，晶体；N，13.5%；K_2O，46%）	4.0	

（2）萌芽-开花-幼果期肥料施用方法及用量　化学肥料的施入均通过水肥一体化系统注入。

表5-1-11提供了本时期生产1 000kg苹果需要补充的化学肥料用量，也可以施用氮、磷、钾含量接近12-18-24的水溶肥料2.5kg和硝酸铵钙6.5kg。具体肥料亩用量根据果园产量按倍数计算。全部肥料分2～3次施入，每次肥料用量均衡施入或前少后多施入。

表5-1-11　生产1 000kg苹果萌芽-开花-幼果期每亩肥料施用量

肥料类型	化学肥料用量（kg）
硝酸铵钙（N，15%；Ca，18%）	6.5
磷酸一铵（工业级；N，11.5%；P_2O_5，60.5%）	1.0
硝酸钾（一等级，晶体；N，13.5%；K_2O，46%）	1.5

（3）春梢旺长期肥料施用方法及用量　化学肥料的施入均通过水肥一体化系统注入。

表5-1-12提供了本时期生产1 000kg苹果需要补充的化学肥料用量，也可以施用氮、磷、钾含量接近22-10-18的水溶肥料8.5kg。具体肥料亩用量根据果园产量按倍数计算。全部肥料分2～3次施入，每次肥料用量均衡施入或前多后少施入。

表 5-1-12　生产 1 000kg 苹果春梢旺长期每亩肥料施用量

肥料类型	化学肥料用量（kg）
尿素（N，46%）	2.5
磷酸一铵（工业级；N，11.5%；P_2O_5，60.5%）	1.5
硝酸钾（一等级，晶体；N，13.5%；K_2O，46%）	3.5

（4）春梢停长-果实膨大期肥料施用方法及用量　化学肥料的施入均通过水肥一体化系统注入。

表 5-1-13 提供了本时期生产 1 000kg 苹果需要补充的化学肥料用量，也可以施用氮、磷、钾含量接近 9-13-30 的水溶肥料 7kg。具体肥料亩用量根据果园产量按倍数计算。全部肥料分 3~4 次施入，每次肥料用量均衡施入或前多后少施入。

表 5-1-13　生产 1 000kg 苹果春梢停长-果实膨大期每亩肥料施用量

肥料类型	化学肥料用量（kg）
尿素（N，46%）	0.2
磷酸一铵（工业级；N，11.5%；P_2O_5，60.5%）	0.3
硝酸钾（一等级，晶体；N，13.5%；K_2O，46%）	3.5
磷酸二氢钾（P_2O_5，51.5；K_2O，34.5）	1.5

3. 简易水肥一体化设施

目前，完善的水肥一体化设施因投入成本、使用技术等问题在我国的覆盖率并不高，果园中使用较多的是仅有灌水系统而无全套注肥系统的设施。同时，考虑到农用尿素有很好的水溶性，农用磷、钾肥不具备水溶性，氮肥少量多次施用利用率高；水溶肥成本不易被果农接受等问题，给出了氮肥滴灌（微喷灌），磷、钾肥土施的简易水肥一体化设施肥料投入方案（氮肥用量按照水肥一体化方式，磷、钾肥用量按照传统施肥方式计算）。

（1）秋季基肥期肥料施用方法及用量　化学磷、钾肥和有机肥的施入参考传统施肥方式下本时期的具体施肥方法。尿素通过灌溉系统施入，分 2~3 次施入，均衡施入或前多后少施入。

表 5-1-14 提供了本时期生产 1 000kg 苹果需要补充的化学肥料用量。具体肥料亩用量根据果园产量按倍数计算，施用时有机肥和磷、钾肥按照株行距换算成单株或单行用量进行施用。

表 5-1-14　生产 1 000kg 苹果秋季基肥期每亩肥料施用量

肥料类型	化学肥料用量(kg)	备注
尿素（N，46%）	3.5	每亩须配合施用2 000kg优质堆肥或 500～1 000kg商品有机肥
磷酸二铵（传统法，N，18%；P_2O_5，46%）	4.5	
农用硫酸钾（K_2O, 50%）	4.8	

（2）春季追肥期肥料施用方法及用量　化学磷、钾肥的施入参考传统施肥方式下本时期的具体施肥方法，或撒施于滴灌带或喷灌带出水处。硝酸铵钙通过灌溉系统施入，分 3～5 次施入，每次间隔 7～10d，均衡施入或前少后多施入。

表 5-1-15 提供了本时期生产 1 000kg 苹果需要补充的化学肥料用量。具体肥料亩用量根据果园产量按倍数计算，施用时有机肥和磷、钾肥按照株行距换算成单株或单行用量进行施用。

表 5-1-15　生产 1 000kg 苹果春季追肥期每亩肥料施用量

肥料类型	化学肥料用量（kg）
硝酸铵钙（N，15%；Ca，18%）	17.0
磷酸二铵（传统法，N，18%；P_2O_5，46%）	2.5
农用硫酸钾（K_2O, 50%）	3.2

（3）夏季追肥期肥料施用方法及用量　化学磷、钾肥施入参考传统施肥方式下本时期的具体施肥方法，或撒施于滴灌带或喷灌带出水处。尿素通过灌溉系统施入，分 3～5 次施入，每次间隔 7～10d，均衡施入或前多后少施入。

表 5-1-16 提供了本时期生产 1 000kg 苹果需要补充的化学肥料用量。具体肥料亩用量根据果园产量按倍数计算，磷、钾肥施

用时按照株行距换算成单株或单行用量进行施用。

表 5-1-16　生产 1 000kg 苹果夏季追肥期每亩肥料施入量

肥料类型	化学肥料用量（kg）
尿素（N，46%）	0.5
磷酸二铵（传统法，N，18%；P_2O_5，46%）	2.0
农用硫酸钾（K_2O，50%）	8.0

第二节　梨施肥管理方案

一、果园周年化学养分施入量的确定

结果期树：梨树形成 1 000kg 经济产量所需要吸收的 N、P_2O_5、K_2O 的量分别为 4.7kg、2.3kg、4.8kg。在传统施用方式和中等土壤肥力条件下，考虑到肥料利用率及土壤本身供肥量等因素，我们将 1 亩梨园每生产 1 000kg 经济产量所需要补充的化学养分 N、P_2O_5、K_2O 施入量分别定为 10kg、5kg、10kg。在此基础上，将土壤肥力简单划分为低、中、高 3 级，施肥方式设定为传统施肥和水肥一体化施肥。土壤肥力判断不明确的情况下，按照中等肥力进行施用（表 5-2-1）。

表 5-2-1　生产 1 000kg 梨每亩需要施入的化学养分量

单位：kg

肥力水平/有机质（SOM）	传统施肥			水肥一体化		
	N	P_2O_5	K_2O	N	P_2O_5	K_2O
低肥力（SOM<1%）	12.5	6.25	12.5	9	4.5	9
中等肥力（1%<SOM<2%）	10	5	10	7.5	3.75	7.5
高肥力（SOM>2%）	7.5	3.75	7.5	6	3	6

未结果树：未结果树及亩产量低于 1 000kg 的果园按照果实亩产量 1 000kg 计算氮用量，N、P_2O_5、K_2O 按照 2：2：1 比例施用，即每亩施入化学形态 N、P_2O_5、K_2O 的量分别为 10kg、10kg、5kg。在此基础上，将土壤肥力简单划分为低、中、高 3 级，施肥方式设定为传统施肥和水肥一体化施肥。土壤肥力判断不明确的情况下，按照中等肥力进行施用（表 5-2-2）。

表 5-2-2　未结果树每亩需要施入的化学养分量

单位：kg

肥力水平/ 有机质（SOM）	传统施肥			水肥一体化		
	N	P_2O_5	K_2O	N	P_2O_5	K_2O
低肥力 （SOM<1%）	12.5	12.5	6.25	9	9	4.5
中等肥力 （1%<SOM<2%）	10	10	5	7.5	7.5	3.75
高肥力 （SOM>2%）	7.5	7.5	3.75	6	6	3

二、施肥时期与次数

传统施肥方式全年分为 3 个施肥时期，分别为秋季基肥期（9 月中旬至 10 月上旬）、春季追肥期（幼果期）、夏季追肥期（7～8 月膨果期，早熟品种适当提前），考虑到传统施肥较为费工费时，每个时期施肥 1 次。

水肥一体化方式全年分为 4 个施肥时期，分别为秋季基肥期（9 月中旬至 10 月上旬）、萌芽-开花-幼果期、春梢旺长期、春梢停长-果实膨大期。施肥总量不变的前提下，根据时间长短每个时期施用 2～3 次，每次间隔 7d 以上。全年施肥次数不少于 7 次。

三、不同施肥期氮、磷、钾肥施用比例

结果期梨树需考虑树体发育、花芽分化、果实品质形成等诸多因素，需根据各物候期果树对肥料的需求进行分配（表 5-2-3、

表5-2-4）。

表5-2-3 传统施肥方式氮、磷、钾肥施用比例

肥料	秋季基肥期	春季追肥期	夏季追肥期
氮肥	40%	40%	20%
磷肥	50%	30%	20%
钾肥	30%	20%	50%

表5-2-4 水肥一体化方式氮、磷、钾肥施用比例

肥料	秋季基肥期	萌芽-开花-幼果期	春梢旺长期	春梢停长-果实膨大前期
氮肥	40%	20%	30%	10%
磷肥	30%	15%	25%	30%
钾肥	30%	10%	25%	35%

未结果期树肥料在各物候期均匀分配即可。

四、不同施肥期氮、磷、钾养分施用量

中等肥力条件下，不同施肥期氮、磷、钾养分施用量见表5-2-5、表5-2-6。

表5-2-5 生产1 000kg梨传统施肥方式每亩养分施用量

单位：kg

养分	秋季基肥期	春季追肥期	夏季追肥期
N	4	4	2
P_2O_5	2.5	1.5	1
K_2O	3	2	5

表5-2-6 生产1 000kg梨水肥一体化方式每亩养分施用量

单位：kg

养分	秋季基肥期	萌芽-开花-幼果期	春梢旺长期	春梢停长-果实膨大期
N	1.5	2.25	0.75	3

（续）

养分	秋季基肥期	萌芽-开花-幼果期	春梢旺长期	春梢停长-果实膨大期
P_2O_5	0.56	0.94	1.13	1.13
K_2O	0.75	1.875	2.625	2.25

五、不同施肥期具体施肥操作

品种、种植模式、管理方式会导致单位面积梨产量有较大差异。为方便理解，下面列出单位面积（亩）、单位产量（1 000kg）的肥料投入量。具体施用时，可以以此为依据进行简单计算得出施肥用量。

1. 传统施肥方式

（1）秋季基肥期肥料施用方法及用量　宽行密植果园可在树行一侧（隔年在另一侧）或者两侧机械开平行沟；稀植果园可在果树四周开环状沟或放射沟；沟宽30cm、深40cm左右。也可在树四周挖4～6个穴，直径和深度为30～40cm，每年交换位置。施肥时将有机肥与各类化肥一同施入，与土混匀覆盖后，及时灌水。

表5-2-7提供了本时期生产1 000kg梨需要补充的化学肥料用量，也可以每生产1 000kg梨施用氮、磷、钾含量接近24-15-18的复合肥17kg。具体肥料亩用量根据果园产量按倍数计算，施用时按照株行距换算成单株或单行用量进行施用。

表5-2-7　生产1 000kg梨秋季基肥期每亩肥料施用量

肥料类型	化学肥料用量（kg）	备注
尿素（N，46%）	3.5	每亩须配合施用2 000kg
15-15-15复合肥	16.7	优质堆肥或500～1 000kg
农用硫酸钾（K_2O，50%）	1.0	商品有机肥

（2）春季追肥期肥料施用方法及用量　春季肥料施用时开沟方式可参照秋季基肥期，此时肥料类型只有化学肥料，开沟或穴的

深度和宽度可以在 20～30cm。各类肥料与土混匀覆盖后，及时灌水。

表 5-2-8 提供了本时期生产 1 000kg 梨需要补充的化学肥料用量，也可每生产 1 000kg 梨施用氮、磷、钾含量接近 12-18-24 的复合肥 8.5kg 和硝酸铵钙 20kg。具体肥料亩用量根据果园产量按倍数计算，施用时按照株行距换算成单株或单行用量进行施用。

表 5-2-8 生产 1 000kg 梨春季追肥期每亩肥料施用量

肥料类型	化学肥料用量（kg）
硝酸铵钙（N，15％；Ca，18％）	16.7
15-15-15 复合肥	10.0
农用硫酸钾（K$_2$O，50％）	1.0

（3）夏季追肥期肥料施用方法及用量　施用方法与春季追肥期相同。

表 5-2-9 提供了本时期生产 1 000kg 梨需要补充的化学肥料用量，也可每生产 1 000kg 梨施用氮、磷、钾含量接近 12-6-30 的复合肥 17kg。具体肥料亩用量根据果园产量按倍数计算，施用时按照株行距换算成单株或单行用量进行施用。

表 5-2-9 生产 1 000kg 梨夏季追肥期每亩肥料施用量

肥料类型	化学肥料用量（kg）
尿素（N，46％）	2.2
15-15-15 复合肥	6.7
农用硫酸钾（K$_2$O，50％）	8.0

2. 水肥一体化方式

（1）秋季基肥期肥料投入量及施肥方法　有机肥的施用参照传统施肥方式开沟施用。化肥的施用通过水肥一体化系统注入。

表 5-2-10 提供了本时期生产 1 000kg 梨需要补充的化学肥料用量，也可以施用氮、磷、钾含量接近 24-9-18 的水溶肥料

12.5kg。具体肥料亩用量根据果园产量按倍数计算。全部肥料分3～4次施入，每次肥料用量均衡施入或前多后少施入。

表5-2-10　生产1 000kg梨秋季基肥期每亩肥料施用量

肥料类型	化学肥料用量（kg）	备注
尿素（N，46%）	4.62	
磷酸一铵（工业级；N，11.5%；P_2O_5，60.5%）	1.86	每亩须配合施用2 000kg优质堆肥或500～1 000kg商品有机肥
硝酸钾（一等级，晶体；N，13.5%；K_2O，46%）	4.89	

（2）萌芽-开花-幼果期肥料施用方法及用量　化学肥料的施入均通过水肥一体化系统注入。

表5-2-11提供了本时期生产1 000kg梨需要补充的化学肥料用量，也可以施用氮、磷、钾含量接近12-18-24的水溶肥料3kg和硝酸铵钙7.6kg。具体肥料亩用量根据果园产量按倍数计算。全部肥料分2～3次施入，每次肥料用量均衡施入或前少后多施入。

表5-2-11　生产1 000kg梨萌芽-开花-幼果期每亩肥料施用量

肥料类型	化学肥料用量（kg）
硝酸铵钙（N，15%；Ca，18%）	7.82
磷酸一铵（工业级；N，11.5%；P_2O_5，60.5%）	0.93
硝酸钾（一等级，晶体；N，13.5%；K_2O，46%）	1.63

（3）春梢旺长期肥料施用方法及用量　化学肥料的施入均通过水肥一体化系统注入。

表5-2-12提供了本时期生产1 000kg梨需要补充的化学肥料用量，也可以施用氮、磷、钾含量接近22-10-18的水溶肥料10.3kg。具体肥料亩用量根据果园产量按倍数计算。全部肥料分2～3次施入，每次肥料用量均衡施入或前多后少施入。

表 5 - 2 - 12　生产 1 000kg 梨春梢旺长期每亩肥料施用量

肥料类型	化学肥料用（kg）
尿素（N，46%）	3.3
磷酸一铵（工业级；N，11.5%；P_2O_5，60.5%）	1.6
硝酸钾（一等级，晶体；N，13.5%；K_2O，46%）	4.1

（4）春梢停长-果实膨大期肥料施用方法及用量　化学肥料的施入均通过水肥一体化系统注入。

表 5 - 2 - 13 提供了本时期生产 1 000kg 梨需要补充的化学肥料原料用量，也可以施用氮、磷、钾含量接近 9 - 13 - 30 的水溶肥料 8.5kg。具体肥料亩用量根据果园产量按倍数计算。全部肥料分 3～4 次施入，每次肥料用量均衡施入或前多后少施入。

表 5 - 2 - 13　生产 1 000kg 梨春梢停长-果实膨大期每亩肥料施用量

肥料类型	化学肥料用量（kg）
尿素（N，46%）	0.3
磷酸一铵（工业级；N，11.5%；P_2O_5，60.5%）	0.3
硝酸钾（一等级，晶体；N，13.5%；K_2O，46%）	4.4
磷酸二氢钾（P_2O_5，51.5；K_2O，34.5）	1.8

3. 简易水肥一体化设施

（1）秋季基肥期肥料施用方法及用量　化学磷、钾肥和有机肥的施入参考传统施肥方式下本时期的具体施肥方法。尿素通过灌溉系统施入，分 2～3 次施入，均衡施入或前多后少施入。

表 5 - 2 - 14 提供了本时期生产 1 000kg 梨需要补充的化学肥料用量。具体肥料亩用量根据果园产量按倍数计算，施用时有机肥和磷、钾肥按照株行距换算成单株或单行用量进行施用。

表5-2-14 生产1 000kg梨秋季基肥期每亩肥料施用量

肥料类型	化学肥料用量（kg）	备注
尿素（N，46%）	4.4	每亩须配合施用2 000 kg优质堆肥或500～1 000 kg商品有机肥
磷酸二铵（传统法，N，18%；P$_2$O$_5$，46%）	5.5	
农用硫酸钾（K$_2$O，50%）	6.0	

（2）春季追肥期肥料施用方法及用量 化学磷、钾肥的施入参考传统施肥方式下本时期的具体施肥方法，或撒施于滴灌带或喷灌带出水处。硝酸铵钙通过灌溉系统施入，分3～5次施入，每次间隔7～10d，均衡施入或前少后多施入。

表5-2-15提供了本时期生产1 000kg梨需要补充的化学肥料用量。具体肥料亩用量根据果园产量按倍数计算，施用时有机肥和磷、钾肥按照株行距换算成单株或单行用量进行施用。

表5-2-15 生产1 000kg梨春季追肥期每亩肥料施用量

肥料类型	化学肥料用量（kg）
硝酸铵钙（N，15%；Ca，18%）	16.1
磷酸二铵（传统法，N，18%；P$_2$O$_5$，46%）	3.3
农用硫酸钾（K$_2$O，50%）	4.0

（3）夏季追肥期肥料施用方法及用量 化学磷、钾肥施入参考传统施肥方式下本时期的具体施肥方法，或撒施于滴灌带或喷灌带出水处。尿素通过灌溉系统施入，分3～5次施入，每次间隔7～10d，均衡施入或前多后少施入。

表5-2-16提供了本时期生产1 000kg梨需要补充的化学肥料用量。具体肥料亩用量根据果园产量按倍数计算，磷、钾肥施用时按照株行距换算成单株或单行用量进行施用。

表 5 - 2 - 16 生产 1 000kg 梨夏季追肥期每亩肥料施用量

肥料类型	化学肥料用量（kg）
尿素（N，46%）	1.3
磷酸二铵（传统法，N，18%；P_2O_5，46%）	2.2
农用硫酸钾（K_2O，50%）	10.0

第三节 北方葡萄施肥管理方案

一、果园周年化学养分施入量的确定

葡萄形成 1 000kg 经济产量所需要吸收的 N、P_2O_5、K_2O 的量分别 6kg、3kg、7.2kg。在传统施肥方式和中等土壤肥力条件下，考虑到肥料利用率及土壤本身供肥量等因素，我们将 1 亩果园每生产 1 000kg 经济产量的葡萄，所需要补充的化学养分 N、P_2O_5、K_2O 施入量分别定为 10.5kg、6.5kg、13kg。在此基础上，将土壤肥力简单划分为低、中、高 3 级，施肥方式设定为传统施肥和水肥一体化施肥。土壤肥力判断不明确的情况下，按照中等肥力进行施用（表 5 - 3 - 1）。

表 5 - 3 - 1 生产 1 000kg 葡萄每亩需要施入的化学养分量　　　　单位：kg

肥力水平/有机质（SOM）	传统施肥			水肥一体化		
	N	P_2O_5	K_2O	N	P_2O_5	K_2O
低肥力（SOM<1%）	13.0	8.5	16.0	10.5	6.5	13.0
中等肥力（1%<SOM<2%）	10.5	6.5	13.0	8.5	5.0	10.5
高肥力（SOM>2%）	8.0	5.0	10.0	6.5	4.0	8.0

二、施肥时期与次数

传统施肥方式一般分 4 次施用，分别为秋季基肥，9 月中旬至 11 月中旬（晚熟品种采果后尽早施用）；催芽肥，翌年 4 月中旬葡萄出土上架后；膨果肥，6 月初果实套袋前后；催熟肥，7 月下旬至 8 月中旬。

水肥一体化方式分 5 个施肥时期，分别为秋季基肥（9 月中旬至 11 月中旬）、萌芽-开花前（每 10d 追肥 1 次，共追 3～4 次）、开花期（追肥 1 次）、果实膨大期（10d 追肥 1 次，共追肥 9～12 次）、着色期（每 7d 追肥 1 次）。

三、不同施肥期氮、磷、钾肥施用比例

结果期葡萄树需要考虑树体发育、花芽分化、果实品质形成等诸多因素，需根据各物候期果树对肥料的需求进行分配（表 5-3-2、表 5-2-3）。

表 5-3-2 传统施肥方式氮、磷、钾肥施用比例

肥料	秋季基肥	催芽肥	膨果肥	催熟肥
氮肥	20%	30%	40%	10%
磷肥	20%	20%	40%	20%
钾肥	10%	10%	20%	60%

表 5-3-3 水肥一体化方式氮、磷、钾肥施用比例

肥料	秋季基肥	萌芽-开花前	开花期	果实膨大期	着色期
氮肥	20%	25%	5%	40%	10%
磷肥	20%	15%	5%	40%	20%
钾肥	10%	5%	5%	20%	60%

四、不同施肥期氮、磷、钾养分施用量

中等肥力条件下，不同施肥期氮、磷、钾养分施用量见表5－3－4、表5－3－5。

表5－3－4　生产1 000kg葡萄传统施肥方式

每亩养分施用量　　　　　　　　　　　单位：kg

养分	秋季基肥	催芽肥	膨果肥	催熟肥
N	2.1	3.2	4.2	1.1
P_2O_5	1.3	1.3	2.6	1.3
K_2O	1.3	1.3	2.6	7.8

表5－3－5　生产1 000kg葡萄水肥一体化方式

每亩养分施用量　　　　　　　　　　　单位：kg

养分	秋季基肥	萌芽-开花前	开花期	果实膨大期	着色期
N	1.68	1.26	0.42	3.36	0.84
P_2O_5	1.04	0.78	0.26	2.08	1.04
K_2O	1.04	0.52	0.52	2.08	6.24

五、不同施肥期具体施肥操作

品种、种植模式、管理方式会导致单位面积葡萄产量有较大差异。为方便大家使用，下面以传统施肥方式列出单位面积（亩）、单位产量（1 000kg）的肥料投入量。具体施用时，可以以此为依据进行简单计算得出施肥量。

1. 秋季基肥施用方法及用量

秋季肥料施用时：顺葡萄园行间，开深、宽均20～35cm的施肥沟，每行开沟或隔行开沟，每年变换开沟位置。施肥时将有机肥与各类化肥一同施入，与土混匀覆盖后，及时灌水。

表5－3－6提供了本时期生产1 000kg葡萄需要补充的化学肥料用量，也可以每生产1 000kg葡萄施用氮、磷、钾含量接近20－13－13的复合肥10.5kg。具体肥料亩用量根据果园产量按倍数计算，施用时按照株行距换算成单株或单行用量进行施用。

表5－3－6　生产1 000kg葡萄秋季基肥每亩肥料施用量

肥料类型	化学肥料用量（kg）	备注
尿素（N，46%）	2	有机肥用量15～20kg/株，宜作基肥（秋肥或冬肥）施用，应选择充分腐熟的畜禽粪肥或者堆肥
15－15－15复合肥	9	

2. 催芽肥施用方法及用量

施用催芽肥时可用开沟方式或挖坑方式，可参照秋季基肥时期施肥方式，此时肥料类型只有化学肥料。各类肥料与土混匀覆盖后，及时灌水。

表5－3－7提供了本时期生产1 000kg葡萄需要补充的化学肥料用量，也可以每生产1 000kg葡萄施用氮、磷、钾含量接近25－10－10的复合肥13.0kg。具体肥料亩用量根据果园产量按倍数计算，施用时按照株行距换算成单株或单行用量进行施用。

表5－3－7　生产1 000kg葡萄催芽肥每亩肥料施用量

肥料类型	化学肥料用量（kg）
硝酸铵钙（N，15%；Ca，18%）	12
15－15－15复合肥	9

3. 膨果肥施用方法及用量

施用方法与催芽肥相同。

表5－3－8提供了本时期生产1 000kg葡萄需要补充的化学肥料用量，也可以每生产1 000kg葡萄施用氮、磷、钾含量接近20－13－13的复合肥21kg。具体肥料亩用量根据果园产量按倍数计算，施用时按照株行距换算成单株或单行用量进行施用。

表 5 - 3 - 8　生产 1 000kg 葡萄膨果肥每亩肥料施用量

肥料类型	化学肥料用量（kg）
硝酸铵钙（N，15%；Ca，18%）	10
15 - 15 - 15 复合肥	18

4. 催熟肥施用方法及用量

施用方法与催芽肥相同。

表 5 - 3 - 9 提供了本时期生产 1 000kg 葡萄需要补充的化学肥料用量，也可以每生产 1 000kg 葡萄施用氮、磷、钾含量接近 5 - 6 -35 的复合肥 23kg。具体肥料亩用量根据果园产量按倍数计算，施用时按照株行距换算成单株或单行用量进行施用。

表 5 - 3 - 9　生产 1 000kg 葡萄催熟肥每亩肥料施用量

肥料类型	化学肥料用量（kg）
15 - 15 - 15 复合肥	9
农用硫酸钾（K_2O，50%）	13

设施葡萄栽培模式的葡萄园施肥时期与次数、各施肥期肥料投入比例可参照传统施肥进行，每个施肥时期的肥料投入量可在传统施肥的基础上减量 10%～25%。

第四节　南方葡萄施肥管理方案

一、果园周年化学养分施入量的确定

葡萄形成 1 000kg 经济产量所需要吸收的 N、P_2O_5、K_2O 的量分别为 6kg、4kg、8kg。在传统施肥方式和中等土壤肥力条件下，考虑到肥料利用率及土壤本身供肥量等因素，我们将 1 亩果园每生产 1 000kg 经济产量的葡萄，所需要补充的化学养分 N、P_2O_5、K_2O 施入量分别定为 12kg、8kg、16kg。在此基础上，将土壤肥力简单划分为低、中、高 3 级，施肥方式设定为传统施肥和水肥一

体化施肥。土壤肥力判断不明确的情况下，按照中等肥力进行施用（表 5 - 4 - 1）。

表 5 - 4 - 1　生产 1 000kg 葡萄每亩需要施入的化学养分量

单位：kg

肥力水平/有机质（SOM）	传统施肥			水肥一体化		
	N	P_2O_5	K_2O	N	P_2O_5	K_2O
低肥力（SOM<1%）	15	10	20	11.25	7.5	15
中等肥力（1%<SOM<2%）	12	8	16	9	6	12
高肥力（SOM>2%）	9	6	12	6.75	4.5	9

二、施肥时期与次数

传统施肥方式全年分为 5 个施肥时期，分别为秋冬季基肥期、萌芽-始花期、花期、膨果-转色期和上色-成熟期，考虑到传统施肥较为费工费时，每个时期施肥 1 次。

水肥一体化方式全年分 5 个施肥时期，分别为萌芽-始花期、花期、末花-转色期、上色-成熟期、采收-休眠期。施肥总量不变的前提下，根据时间长短每个时期施用 4～5 次，每次间隔 5～7d。全年施肥次数不少于 18～20 次。

三、不同施肥期氮、磷、钾肥施用比例

南方葡萄树结果期需要考虑树体发育、花芽分化、果实品质形成等诸多因素，需根据各物候期果树对肥料的需求进行分配（表 5 - 4 - 2、表 5 - 4 - 3）。

表 5 - 4 - 2　传统施肥方式氮、磷、钾肥施用比例

肥料	秋冬季基肥期	萌芽-始花期	花期	膨果-转色期	上色-成熟期
氮肥	40%	15%	15%	20%	10%

（续）

肥料	秋冬季基肥期	萌芽-始花期	花期	膨果-转色期	上色-成熟期
磷肥	40%	20%	15%	20%	5%
钾肥	15%	15%	10%	40%	20%

表5-4-3 水肥一体化方式氮、磷、钾肥施用比例

肥料	萌芽-始花期	花期	末花-转色期	上色-成熟期	采收-休眠期
氮肥	15%	15%	40%	5%	25%
磷肥	15%	30%	20%	5%	30%
钾肥	15%	10%	50%	10%	15%

四、不同施肥期氮、磷、钾养分施用量

中等肥力条件下，不同施肥期氮、磷、钾养分施用量见表5-4-4、表5-4-5。

表5-4-4 生产1 000kg葡萄传统施肥方式
每亩养分施用量　　　　单位：kg

养分	秋冬季基肥期	萌芽-始花期	花期	膨果-转色期	上色-成熟期
N	4.80	1.80	1.80	2.40	1.20
P_2O_5	3.20	1.60	1.20	1.60	0.40
K_2O	2.40	2.40	1.60	6.40	3.20

表5-4-5 生产1 000kg葡萄水肥一体化方式
每亩养分施用量　　　　单位：kg

养分	萌芽-始花期	花期	末花-转色期	上色-成熟期	采收-休眠期
N	1.35	1.35	3.60	0.45	2.25

（续）

养分	萌芽-始花期	花期	末花-转色期	上色-成熟期	采收-休眠期
P_2O_5	0.90	1.80	1.20	0.30	1.80
K_2O	1.80	1.20	6.00	1.20	1.80

五、不同施肥期具体施肥操作

树龄、目标产量、品种、土壤肥力、气候、施用方式等会导致单位面积葡萄产量有较大差异。为方便大家使用，下面列出单位面积（亩）、单位产量（1 000kg）的肥料投入量。具体施用时，可以以此为依据进行简单计算得出。

1. 传统施肥方式

（1）秋冬季基肥期肥料施用方法及用量　可采用条状沟施肥，即沿葡萄栽植的行向在距葡萄主根 30～40cm 处挖一条深 30～40cm 的沟，将肥料均匀撒入沟内，回填土壤，浇水；也可采用穴状施肥，在距葡萄植株 30～40cm 处挖直径 40cm、深 40cm 的施肥穴，一般每株挖 2 个，在树两边相对进行，然后施入腐熟好的有机肥，回填土壤。第二年距葡萄植株 30～40cm 处，与上一年位置错开挖穴或挖沟施肥。

表 5-4-6 提供了本时期生产 1 000kg 葡萄需要补充的化学肥料用量，也可以每生产 1 000kg 葡萄施用氮、磷、钾含量接近 24-16-12 的复合肥 20kg。具体肥料亩用量根据葡萄园产量按倍数计算，施用时按照株行距换算成单株或单行用量进行施用。

表 5-4-6　生产 1 000kg 葡萄秋冬季基肥期每亩肥料施用量

肥料类型	化学肥料用量（kg）	备注
尿素（N，46%）	3.48	每亩须配合施用 2 000～3 000kg 优质堆肥，或 5 000～10 000kg 草炭土，或 500～1 000kg 商品有机肥
15-15-15 复合肥	21	
农用硫酸钾（K_2O，50%）	0	

（2）萌芽-始花期肥料施用方法及用量 萌芽-始花期肥料类型主要以化学肥料为主，开沟或挖穴的深度和宽度可以在 $15\sim20cm$，也可以撒施。各类肥料与土混匀覆盖后，及时灌水。

表 5-4-7 提供了本时期生产 1 000kg 葡萄需要补充的化学肥料用量，也可以每生产 1 000kg 葡萄施用氮、磷、钾含量接近 18-16-24 的复合肥 10kg。具体肥料亩用量根据果园产量按倍数计算，施用时按照株行距换算成单株或单行用量进行施用。

表 5-4-7 生产 1 000kg 葡萄萌芽追肥期每亩肥料施用量

肥料类型	化学肥料用量（kg）
硝酸铵钙（N，15%；Ca，18%）	1.33
15-15-15 复合肥	10.67
农用硫酸钾（K_2O，50%）	1.60

（3）花期肥料施用方法及用量 施用方法与萌芽－始花期相同。

表 5-4-8 提供了本时期生产 1 000kg 葡萄需要补充的化学肥料用量，也可以生产每 1 000kg 葡萄施用氮、磷、钾含量接近 18-12-16 的复合肥 10kg。具体肥料亩用量根据果园产量按倍数计算，施用时按照株行距换算成单株或单行用量进行施用。

表 5-4-8 生产 1 000kg 葡萄花期每亩肥料施用量

肥料类型	化学肥料用量（kg）
尿素（N，46%）	1.30
15-15-15 复合肥	8.00
农用硫酸钾（K_2O，50%）	0.80

（4）膨果-转色期肥料施用方法及用量 施用方法与萌芽-始花期相同。

表 5-4-9 提供了本时期生产 1 000kg 葡萄需要补充的化学肥

料用量，也可以每生产 1 000kg 葡萄施用氮、磷、钾含量接近 16-11-40 的复合肥 15kg。具体肥料亩用量根据果园产量按倍数计算，施用时按照株行距换算成单株或单行用量进行施用。

表 5-4-9　生产 1 000kg 葡萄膨果-转色期每亩肥料施用量

肥料类型	化学肥料用量（kg）
尿素（N，46%）	1.74
15-15-15 复合肥	10.67
农用硫酸钾（K_2O，50%）	9.6

（5）上色-成熟期肥料施用方法及用量　施用方法与萌芽-始花期相同。

表 5-4-10 提供了本时期生产 1 000kg 葡萄需要补充的化学肥料用量，也可以每生产 1 000kg 葡萄施用氮、磷、钾含量接近 12-5-32 的复合肥 10kg。具体肥料亩用量根据果园产量按倍数计算，施用时按照株行距换算成单株或单行用量进行施用。

表 5-4-10　生产 1 000kg 葡萄上色-成熟期每亩肥料施用量

肥料类型	化学肥料用量（kg）
尿素（N，46%）	1.30
15-15-15 复合肥	2.67
农用硫酸钾（K_2O，50%）	6.40

2. 水肥一体化方式

（1）萌芽-始花期肥料施用方法及用量　化学肥料的施入均通过水肥一体化系统注入。

表 5-4-11 提供了本时期生产 1 000kg 葡萄需要补充的化学肥料用量，也可以每生产 1 000kg 葡萄施用氮、磷、钾含量接近 14-9-18 的复合肥 10kg。具体肥料亩用量根据果园产量按倍数计算。全部肥料分 3～4 次施入，每次肥料用量均衡施入或前少后多施入。

表 5-4-11　生产 1 000kg 葡萄萌芽-始花期每亩肥料施用量

肥料类型	化学肥料用量（kg）
硝酸铵钙（N，15%；Ca，18%）	4.33
磷酸一铵（工业级；N，11.5%；P_2O_5，60.5%）	1.49
硝酸钾（一等级，晶体；N，13.5%；K_2O，46%）	3.91

（2）花期肥料施用方法及用量　化学肥料的施入均通过水肥一体化系统注入。

表 5-4-12 提供了本时期生产 1 000kg 葡萄需要补充的化学肥料用量，也可以每生产 1 000kg 葡萄施用氮、磷、钾含量接近 14-18-12 的复合肥 10kg。具体肥料亩用量根据果园产量按倍数计算。全部肥料分 3～4 次施入，每次肥料用量均衡施入或前多后少施入。

表 5-4-12　生产 1 000kg 葡萄花期每亩肥料施用量

肥料类型	化学肥料用量（kg）
尿素（N，46%）	1.43
磷酸一铵（工业级；N，11.5%；P_2O_5，60.5%）	2.98
硝酸钾（一等级，晶体；N，13.5%；K_2O，46%）	2.61

（3）末花-转色期肥料施用方法及用量　化学肥料的施入均通过水肥一体化系统注入。

表 5-4-13 提供了本时期生产 1 000kg 葡萄需要补充的化学肥料用量，也可以每生产 1 000kg 葡萄施用氮、磷、钾含量接近 18-6-30 的复合肥 20kg。具体肥料亩用量根据果园产量按倍数计算。全部肥料分 4～5 次施入，每次肥料用量均衡施入或前多后少施入。

表 5-4-13　生产 1 000kg 葡萄末花-转色期每亩肥料施用量

肥料类型	化学肥料用量（kg）
尿素（N，46%）	4.50
硝酸钾（一等级，晶体；N，13.5%；K_2O，46%）	11.30
磷酸二氢钾（P_2O_5，51.5；K_2O，34.5）	2.33

（4）上色-成熟期肥料施用方法及用量　化学肥料的施入均通过水肥一体化系统注入。

表5-4-14提供了本时期生产1 000kg葡萄需要补充的化学肥料用量，也可以生产1 000kg葡萄施用氮、磷、钾含量接近9-6-24的复合肥5kg。具体肥料亩用量根据果园产量按倍数计算。全部肥料分4～5次施入，每次肥料用量均衡施入或前多后少施入。

表5-4-14　生产1 000kg葡萄上色-成熟期每亩肥料施用量

肥料类型	化学肥料用量（kg）
尿素（N，46%）	0.35
硝酸钾（一等级，晶体；N，13.5%；K_2O，46%）	2.17
磷酸二氢钾（P_2O_5，51.5；K_2O，34.5）	0.58

（5）采收-休眠期肥料施用方法及用量　有机肥的施用参照传统施肥方式开沟施用。化肥的施用通过水肥一体化系统注入。

表5-4-15提供了本时期生产1 000kg葡萄需要补充的化学肥料用量，也可以生产1 000kg葡萄施用氮、磷、钾含量接近23-18-18的复合肥10kg。具体肥料亩用量根据果园产量按倍数计算。全部肥料分2～3次施入，每次肥料用量均衡施入或前多后少施入。

表5-4-15　生产1 000kg葡萄采收-休眠期每亩肥料施用量

肥料类型	化学肥料用量（kg）	备注
尿素（N，46%）	3.00	每亩须配合施用2 000～3 000kg优质堆肥，或5 000～10 000kg草炭土，或500～1 000kg商品有机肥
磷酸一铵（工业级；N，11.5%；P_2O_5，60.5%）	2.98	
硝酸钾（一等级，晶体；N，13.5%；K_2O，46%）	3.91	

第五节　桃施肥管理方案

一、果园周年化学养分施入量的确定

桃树吸收 N、P、K 的吸收比例为 1：（0.3～0.5）：（0.9～1.6），形成 1 000kg 经济产量所需要吸收的 N、P_2O_5、K_2O 的量分别为 4.8kg、2.0kg、7.6kg。在传统施用方式和中等土壤肥力条件下，考虑到肥料利用率及土壤本身供肥量等因素，将 1 亩果园每生产 1 000kg 经济产量的桃，所需要补充的化学养分 N、P_2O_5、K_2O 施入量分别定为 10kg、5.5kg、12.5kg。在此基础上，将土壤肥力简单划分为低、中、高 3 级，施肥方式设定为传统施肥和水肥一体化施肥。土壤肥力判断不明确的情况下，按照中等肥力进行施用（表 5-5-1）。

表 5-5-1　生产 1 000kg 桃每亩需要施入的化学养分量

单位：kg

肥力水平/ 有机质（SOM）	传统施肥			水肥一体化		
	N	P_2O_5	K_2O	N	P_2O_5	K_2O
低肥力 （SOM<1%）	12.5	7.0	15.5	10	5.5	12.5
中等肥力 （1%<SOM<2%）	10	5.5	12.5	8	4.5	10
高肥力 （SOM>2%）	7.5	4.0	9.5	6	3.5	7.5

二、施肥时期与次数

传统施肥方式，中早熟品种桃树化肥一般分 4 个时期施用，分别为秋季基肥（9 月中旬至 11 月中旬）、幼果期（5 月中旬至 6 月上中旬）、果实膨大期（6 月下旬至 7 月上旬）、月子肥（采收后 1～2 周内）；晚熟品种桃树分 3 个时期施用，分别为秋季基肥、幼

果期和果实膨大期。

采用水肥一体化技术的果园，中早熟品种桃树分 5 个施肥时期，分别为秋季基肥、花后-抽梢期、果实膨大期、着色期、月子肥；晚熟品种分 4 个施肥时期，分别为秋季基肥（9 月中旬至 11 月中旬）、花后-抽梢期、果实膨大期、着色期。施肥总量不变的前提下，根据时间长短每个时期施用 2～3 次，每次间隔 7d 以上。全年施肥次数不少于 7 次。

三、不同施肥期氮、磷、钾肥施用比例

结果期桃树需要考虑树体发育、花芽分化、果实品质形成等诸多因素，需根据各物候期果树对养分的需求进行分配（表 5-5-2 至表 5-5-5）。

表 5-5-2　中早熟桃传统施肥方式氮、磷、钾肥施用比例

肥料	秋季基肥	幼果期	果实膨大期	月子肥
氮肥	40%	20%	20%	20%
磷肥	50%	20%	10%	20%
钾肥	20%	20%	40%	20%

表 5-5-3　晚熟桃传统施肥方式氮、磷、钾肥施用比例

肥料	秋季基肥	幼果期	果实膨大期
氮肥	60%	20%	20%
磷肥	50%	30%	20%
钾肥	30%	20%	50%

表 5-5-4　中早熟桃水肥一体化方式氮、磷、钾肥施用比例

肥料	秋季基肥	花后-抽梢期	果实膨大期	着色期	月子肥
氮肥	40%	20%	20%	0%	20%
磷肥	50%	10%	10%	10%	20%
钾肥	20%	10%	10%	40%	20%

表 5-5-5　晚熟桃水肥一体化方式氮、磷、钾肥施用比例

肥料	秋季基肥	花后-抽梢期	果实膨大期	着色期
氮肥	40%	30%	30%	0%
磷肥	50%	10%	20%	20%
钾肥	20%	10%	20%	50%

四、不同施肥期氮、磷、钾养分施用量

中等肥力条件下，不同施肥期氮、磷、钾养分施用量见表 5-5-6 至表 5-5-9。

表 5-5-6　生产 1 000kg 中早熟桃传统施肥方式
每亩养分施用量　　　　　单位：kg

养分	秋季基肥	幼果期	果实膨大期	月子肥
N	4.0	2.0	2.0	2.0
P_2O_5	2.8	1.1	0.6	1.1
K_2O	2.5	2.5	5.0	2.5

表 5-5-7　生产 1 000kg 晚熟桃传统施肥方式
每亩养分施用量　　　　　单位：kg

养分	秋季基肥	幼果期	果实膨大期
N	6.0	2.0	2.0
P_2O_5	2.8	1.7	1.1
K_2O	3.8	2.5	6.3

表 5-5-8　生产 1 000kg 中早熟桃水肥一体化方式
每亩养分施用量　　　　　单位：kg

养分	秋季基肥	花后-抽梢期	果实膨大期	着色期	月子肥
N	3.2	1.6	1.6	0	1.6
P_2O_5	2.2	0.4	0.4	0.4	0.9

（续）

养分	秋季基肥	花后-抽梢期	果实膨大期	着色期	月子肥
K₂O	2.0	1.0	1.0	2.0	1.8

表 5-5-9　生产 1 000kg 晚熟桃水肥一体化方式
每亩养分施用量　　　　　单位：kg

养分	秋季基肥	花后-抽梢期	果实膨大期	着色期
N	3.2	2.4	2.4	0
P₂O₅	2.2	0.4	0.9	0.9
K₂O	2.0	1.0	2.0	5.0

五、不同品种不同施肥期具体施肥操作

品种、种植模式、管理方式会导致单位面积桃树产量有较大差异。为方便大家使用，下面以传统施肥方式列出单位面积（亩）、单位产量（1 000kg）的肥料投入量。具体施用时，可以以此为依据进行简单计算得出。

1. 中早熟品种

（1）秋季基肥施用方法及用量　可以采用环状、放射沟或条沟施肥。环状施肥，在树冠外缘投影开沟，深宽 30～40cm，根据肥料用量适当调整沟的宽度和深度，多用于幼树和初结果树。放射沟施肥，以果树的树干为中心轴，以树冠垂直投影外缘到距离树干 1m 远处为沟长，由里向外开沟 4～8 条。这种施肥方法伤根少，能促进根系吸收，适于成年树。条沟施肥，顺桃园行间开沟，随开沟随施肥，及时覆土，每年变换开沟位置，以使肥力均衡。

表 5-5-10 提供了本时期生产 1 000kg 桃需要补充的化学肥料用量，也可以每生产 1 000kg 桃施用养分含量接近 20-14-13 的复合肥 20.6kg。具体肥料亩用量根据果园产量按倍数计算，施用时按照株行距换算成单株或单行用量进行施用。

表 5 - 5 - 10　生产 1 000kg 桃秋季基肥每亩肥料施用量

肥料类型	化学肥料用量（kg）	备注
尿素（N，46%）	3	配合施用商品有机肥
15 - 15 - 15 复合肥	18	2 000～2 500kg

（2）幼果期肥料施用方法及用量　可用开沟方式或挖坑方式施肥，可参照秋季基肥时期，此时肥料类型只有化学肥料。各类肥料与土混匀覆盖后，及时灌水。

表 5 - 5 - 11 提供了本时期生产 1 000kg 桃需要补充的化学肥料用量，也可以每生产 1 000kg 桃施用氮、磷、钾含量接近 16 - 9 - 20 的复合肥 12.5kg。具体肥料亩用量根据果园产量按倍数计算，施用时按照株行距换算成单株或单行用量进行施用。

表 5 - 5 - 11　生产 1 000kg 桃幼果期每亩肥料施入量

肥料类型	化学肥料用量（kg）
硝酸铵钙（N，46%；Ca，18%）	7
15 - 15 - 15 复合肥	7
农用硫酸钾（K_2O，50%）	3

（3）果实膨大期肥料施用方法及用量　施用方法与幼果肥相同。

表 5 - 5 - 12 提供了本时期生产 1 000kg 桃需要补充的化学肥料用量，也可以每生产 1 000kg 桃施用氮、磷、钾含量接近 12 - 4 - 30 的复合肥 16.8kg。具体肥料亩用量根据果园产量按倍数计算，施用时按照株行距换算成单株或单行用量进行施用。

表 5 - 5 - 12　生产 1 000kg 桃果实膨大期每亩肥料施用量

肥料类型	化学肥料用量（kg）
尿素（N，46%）	3
15 - 15 - 15 复合肥	4

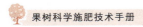

（续）

肥料类型	化学肥料用量（kg）
农用硫酸钾（K_2O，50%）	9

（4）月子肥施用方法及用量　施用方法与幼果肥相同。

表5-5-13提供了本时期生产1 000kg桃需要补充的化学肥料用量，也可以每生产1 000kg桃施用氮、磷、钾含量接近16-9-20的复合肥12.5kg。具体肥料亩用量根据果园产量按倍数计算，施用时按照株行距换算成单株或单行用量进行施用。

表5-5-13　生产1 000kg桃月子肥每亩肥料施用量

肥料类型	化学肥料用量（kg）
尿素（N，46%）	2
15-15-15复合肥	7
农用硫酸钾（K_2O，50%）	3

2. 晚熟品种

（1）秋季基肥肥料施用方法及用量　施肥方法参照中早熟品种。

表5-5-14提供了本时期生产1 000kg桃需要补充的化学肥料用量，也可以每生产1 000kg桃施用氮、磷、钾含量接近22-10-14的复合肥27.8kg。具体肥料亩用量根据果园产量按倍数计算，施用时按照株行距换算成单株或单行用量进行施用。

表5-5-14　生产1 000kg桃秋季基肥每亩肥料施用量

肥料类型	化学肥料用量（kg）	备注
尿素（N，46%）	7	
15-15-15复合肥	18	配合施用商品有机肥 2 000~2 500kg
农用硫酸钾（K_2O，50%）	2	

（2）幼果期肥料施用方法及用量　施肥方法参照中早熟桃。

表5-5-15提供了本时期生产1 000kg桃需要补充的化学肥料

用量，也可以每生产1 000kg桃施用氮、磷、钾含量接近15 - 12 - 18的复合肥13.7kg。具体肥料亩用量根据果园产量按倍数计算，施用时按照株行距换算成单株或单行用量进行施用。

表5 - 5 - 15　生产1 000kg桃幼果期每亩肥料施用量

肥料类型	化学肥料用量（kg）
硝酸铵钙（N，46%；Ca，18%）	3
15 - 15 - 15复合肥	11
农用硫酸钾（K_2O，50%）	2

（3）果实膨大期肥料施用方法及用量　施肥方法参照中早熟品种。

表5 - 5 - 16提供了本时期生产1 000kg桃需要补充的化学肥料用量，也可以每生产1 000kg桃施用氮、磷、钾含量接近10 - 6 - 30的复合肥20.8kg。具体肥料亩用量根据果园产量按倍数计算，施用时按照株行距换算成单株或单行用量进行施用。

表5 - 5 - 16　生产1 000kg桃果实膨大期每亩肥料施用量

肥料类型	化学肥料用量（kg）
尿素（N，46%）	2
15 - 15 - 15复合肥	8
农用硫酸钾（K_2O，50%）	11

设施栽培模式的桃园施肥时期与次数、各施肥期养分投入比例可参照传统施肥进行，每个施肥时期的肥料投入量可在传统施肥的基础上减量10%～25%。

第六节　樱桃施肥管理方案

一、果园周年化学养分施入量的确定

樱桃树形成100kg鲜果需要N、P_2O_5、K_2O的元素量分别为

0.8～1kg、0.5～0.6kg、1.0～1.2kg。在传统施用方式和中等土壤肥力条件下，考虑到肥料利用率及土壤本身供肥量等因素，将果园每生产 100kg 经济产量，每亩果园所需要补充的化学养分 N、P_2O_5、K_2O 施入量分别定为 2kg、1.4kg、2.1kg。在此基础上，将土壤肥力简单划分为低、中、高 3 级，施肥方式设定为传统施肥和水肥一体化施肥。土壤肥力判断不明确的情况下，按照中等肥力进行施用（表 5 - 6 - 1）。

表 5 - 6 - 1　生产 100kg 樱桃每亩需要施入的化学养分量

单位：kg

肥力水平/ 有机质（SOM）	传统施肥			水肥一体化		
	N	P_2O_5	K_2O	N	P_2O_5	K_2O
低肥力 （SOM<1%）	2.5	1.8	2.6	2.0	1.4	2.
中等肥力 （1%<SOM<2%）	2	1.4	2.1	1.6	1.1	1.7
高肥力 （SOM>2%）	1.5	1.1	1.6	1.2	0.8	1.3

二、施肥时期与次数

传统施肥方式，化肥一般分 4 个时期施用，分别为樱桃落叶后秋季基肥（9 月中旬至 11 月中旬），翌年春季萌芽期、果实膨大期和采果后。

采用水肥一体化方式的果园分 5 个施肥时期，分别为秋季基肥、萌芽期、落花后、果实膨大期、采果后。施肥总量不变的前提下，根据时间长短每个时期施用 2～3 次，每次间隔 7d 以上。

三、不同施肥期氮、磷、钾肥施用比例

结果期果树需要考虑树体发育、花芽分化、果实品质形成等诸多因素，需根据各物候期果树对肥料的需求进行分配（表 5 - 6 - 2、表 5 - 6 - 3）。

表 5 - 6 - 2　传统施肥方式氮、磷、钾肥施用比例

肥料	秋季基肥	萌芽期	果实膨大期	采果后
氮肥	40%	25%	10%	25%
磷肥	40%	15%	10%	35%
钾肥	45%	10%	20%	25%

表 5 - 6 - 3　水肥一体化方式氮、磷、钾肥施用比例

肥料	秋季基肥	萌芽期	落花后	果实膨大期	采果后
氮肥	40%	15%	10%	10%	25%
磷肥	40%	10%	5%	10%	35%
钾肥	45%	5%	5%	20%	25%

四、不同施肥期氮、磷、钾养分施用量

中等肥力条件下，不同施肥期氮、磷、钾养分施用量见表 5 - 6 - 4、表 5 - 6 - 5。

表 5 - 6 - 4　生产 100kg 樱桃传统施肥方式
每亩养分施用量　　　　　单位：kg

养分	秋季基肥	萌芽期	果实膨大期	采果后
N	0.80	0.50	0.20	0.50
P_2O_5	0.56	0.21	0.14	0.49
K_2O	0.95	0.21	0.42	0.53

表 5 - 6 - 5　生产 100kg 樱桃水肥一体化方式
每亩养分施用量　　　　　单位：kg

养分	秋季基肥	萌芽期	落花后	果实膨大期	采果后
N	0.64	0.24	0.16	0.16	0.40
P_2O_5	0.45	0.11	0.06	0.11	0.39
K_2O	0.76	0.08	0.08	0.34	0.42

五、不同施肥期具体施肥操作

品种、种植模式、管理方式会导致单位面积樱桃树产量有较大差异。为方便使用，下面以传统施肥方式列出单位面积（亩）、单位产量（100kg）的肥料投入量。具体施用时，可以以此为依据进行简单计算得出。

（1）秋季基肥期肥料施用方法及用量 秋季肥料施用时，可以采用环状、放射沟或条沟施肥。环状施肥，在树冠外缘投影开沟，深宽 30～40cm，根据肥料用量适当调整沟的宽度和深度，多用于幼树和初结果树。放射沟施肥，以果树的树干为中心轴，以树冠垂直投影外缘到距离树干 1m 远处为沟长，由里向外开沟 4～8 条。这种施肥方法伤根少，能促进根系吸收，适于成年树。条沟施肥，顺樱桃园行间开沟，随开沟随施肥，及时覆土，每年变换开沟位置，以使肥力均衡。

表 5－6－6 提供了本时期生产 100kg 樱桃需要补充的化学肥料用量，也可以每生产 100kg 樱桃施用氮、磷、钾含量接近 16－11－19 的复合肥 5.2 kg。具体肥料亩用量根据果园产量按倍数计算，施用时按照株行距换算成单株或单行用量进行施用。

表 5－6－6 生产 100kg 樱桃秋季基肥期每亩肥料施用量

肥料类型	化学肥料用量（kg）	备注
尿素（N，46%）	0.5	配合施用商品有机肥 2 000～2 500kg
15－15－15复合肥	3.8	
农用硫酸钾（K$_2$O，50%）	0.8	

（2）萌芽期肥料施用方法及用量 可用开沟方式或挖坑方式施肥，可参照秋季基肥时期，此时肥料类型只有化学肥料。各类肥料与土混匀覆盖后，及时灌水。

表 5－6－7 提供了本时期生产 100kg 樱桃需要补充的化学肥料用量，也可以生产 100kg 樱桃施用养分含量接近 25－11－11 的复合肥 2.1 kg。具体肥料亩用量根据果园产量按倍数计算，施用时

按照株行距换算成单株或单行用量进行施用。

表5-6-7 生产100kg樱桃萌芽期每亩肥料施用量

肥料类型	化学肥料用量（kg）
硝酸铵钙（N，15%；Ca，18%）	2.0
15-15-15复合肥	1.4

（3）果实膨大期肥料施用方法及用量 施用方法与催芽肥相同。

表5-6-8提供了本时期生产100kg樱桃需要补充的化学肥料用量，也可以每生产100kg樱桃施用氮、磷、钾含量接近12-8-25的复合肥1.7 kg。具体肥料亩用量根据果园产量按倍数计算，施用时按照株行距换算成单株或单行用量进行施用。

表5-6-8 生产100kg樱桃果实膨大期每亩肥料施用量

肥料类型	化学肥料用量（kg）
尿素（N，46%）	0.2
15-15-15复合肥	1.0
农用硫酸钾（K_2O，50%）	0.6

（4）采果后肥料施用方法及用量 施用方法与催芽肥相同。

表5-6-9提供了本时期生产100kg樱桃需要补充的化学肥料用量，也可以每生产100kg樱桃施用氮、磷、钾含量接近15-15-16的复合肥3.8 kg。具体肥料亩用量根据果园产量按倍数计算，施用时按照株行距换算成单株或单行用量进行施用。

表5-6-9 生产100kg樱桃采果后每亩肥料施入量

肥料类型	化学肥料用量（kg）
尿素（N，46%）	0.1
15-15-15复合肥	3.3
农用硫酸钾（K_2O，50%）	0.1

第七节　草莓施肥管理方案

一、果园周年化学养分施入量的确定

草莓形成 100kg 经济产量所需要吸收的 N、P_2O_5、K_2O 的量分别为 0.6~1.0kg、0.25~0.4kg、0.5~1.0kg。在传统施用方式和中等土壤肥力条件下，考虑到肥料利用率及土壤本身供肥量等因素，将 1 亩果园每生产 100kg 经济产量的草莓，所需要补充的化学养分 N、P_2O_5、K_2O 施入量分别定为 1.0kg、0.55kg、0.85kg。在此基础上，将土壤肥力简单划分为低、中、高 3 级，施肥方式设定为传统施肥和水肥一体化施肥。土壤肥力判断不明确的情况下，按照中等肥力进行施用（表 5-7-1）。

表 5-7-1　生产 100kg 草莓每亩需要施入的化学养分量

单位：kg

肥力水平/ 有机质（SOM）	传统施肥			水肥一体化		
	N	P_2O_5	K_2O	N	P_2O_5	K_2O
低肥力 （SOM<1%）	1.25	0.69	1.06	1.00	0.55	0.85
中等肥力 （1%<SOM<2%）	1.00	0.55	0.85	0.80	0.44	0.68
高肥力 （SOM>2%）	0.75	0.41	0.64	0.60	0.33	0.51

二、施肥时期与次数

常规施肥模式下，化肥分 3~4 次施用，分别为底肥（移栽前 10~15d）、苗期、初花期和采果期。

采用水肥一体化方式时，在底肥的基础上，分别在现蕾期、开花后和果实膨大期追肥。施肥前先灌清水 20min，再进行施肥，施肥结束后再灌清水 30min 冲洗管道。

三、不同施肥期氮、磷、钾肥施用比例

草莓施肥需要考虑草莓生长、果实品质形成等诸多因素，需根据各物候期草莓对肥料的需求规律进行分配（表5-7-2、表5-7-3）。

表5-7-2　传统施肥方式氮、磷、钾肥施用比例

肥料	底肥	苗期	初花期	采果期
氮肥	20%	20%	30%	30%
磷肥	20%	20%	30%	30%
钾肥	20%	20%	30%	30%

表5-7-3　水肥一体化方式氮、磷、钾肥施用比例

肥料	底肥	现蕾期	开花后	果实膨大期
氮肥	40%	20%	20%	20%
磷肥	40%	20%	20%	20%
钾肥	40%	20%	20%	20%

四、不同施肥期氮、磷、钾养分施用量

中等肥力条件下，不同施肥期氮、磷、钾养分施用量见表5-7-4、表5-7-5。

表5-7-4　生产100kg草莓传统施肥方式
每亩养分施用量　　　　单位：kg

养分	底肥	苗期	初花期	采果期
N	0.20	0.20	0.30	0.30
P_2O_5	0.11	0.11	0.17	0.17
K_2O	0.17	0.17	0.26	0.26

表 5-7-5   生产 100kg 草莓水肥一体化方式
每亩养分施用量   单位：kg

养分	底肥	现蕾期	开花后	果实膨大期
N	0.32	0.16	0.16	0.16
P_2O_5	0.18	0.09	0.09	0.09
K_2O	0.27	0.14	0.14	0.14

五、不同施肥期具体施肥操作

为方便大家使用，下面以传统施肥方式列出单位面积（亩）、单位产量（100kg）的肥料投入量。具体施用时，可以以此为依据进行简单计算得出。

（1）底肥施用方法及用量   草莓底肥结合土壤深翻耕施入，深度 20～25cm，保证肥料均匀分布。

表 5-7-6 提供了本时期生产 100kg 草莓需要补充的化学肥料用量，也可以每生产 100kg 草莓施用氮、磷、钾含量接近 19-11-16 的复合肥 1.1 kg。具体肥料亩用量根据产量按倍数计算。

表 5-7-6   生产 100kg 草莓底肥每亩肥料施用量

肥料类型	化学肥料用量（kg）	备注
尿素（N，46%）	0.2	配合施用商品有机肥 1 000～1 500kg
15-15-15 复合肥	0.8	
农用硫酸钾（K_2O，50%）	0.2	

（2）苗期肥料施用方法及用量   苗期可通过开沟施肥，顺草莓园行间开沟，随开沟随施肥，及时覆土灌水。

表 5-7-7 提供了本时期生产 100kg 草莓需要补充的化学肥料用量，也可以每生产 100kg 草莓施用氮、磷、钾含量接近 19-11-16 的复合肥 1.1kg。具体肥料亩用量根据产量按倍数计算。

表 5-7-7 生产 100kg 草莓苗期每亩肥料施用量

肥料类型	化学肥料用量（kg）
尿素（N，46%）	0.2
15-15-15 复合肥	0.8
农用硫酸钾（K_2O，50%）	0.2

（3）初花期肥料施用方法及用量　施用方法与苗期施肥相同。

表 5-7-8 提供了本时期生产 100kg 草莓需要补充的化学肥料用量，也可以每生产 100kg 草莓施用氮、磷、钾含量接近 19-11-16 的复合肥 1.6kg。具体肥料亩用量根据产量按倍数计算。

表 5-7-8 生产 100kg 草莓初花肥期每亩肥料施用量

肥料类型	化学肥料用量（kg）
硝酸铵钙（N，46%；Ca，18%）	0.9
15-15-15 复合肥	1.1
农用硫酸钾（K_2O，50%）	0.2

（4）采果期肥料施用方法及用量　施用方法与苗期施肥相同。

表 5-7-9 提供了本时期生产 100kg 草莓需要补充的化学肥料用量，也可以每生产 100kg 草莓施用养分含量接近 19-11-16 的复合肥 1.6kg。具体肥料亩用量根据产量按倍数计算。

表 5-7-9 生产 100kg 草莓采果期每亩肥料施用量

肥料类型	化学肥料用量（kg）
尿素（N，46%）	0.3
15-15-15 复合肥	1.1
农用硫酸钾（K_2O，50%）	0.2

第八节　蓝莓施肥管理方案

一、果园周年化学养分施入量的确定

蓝莓生产100kg经济产量所需要吸收的N、P_2O_5、K_2O的量分别为0.4kg、0.1kg、0.5kg。在传统施用方式和中等土壤肥力条件下，考虑到肥料利用率及土壤本身供肥量等因素，将1亩果园每生产100kg经济产量的蓝莓，所需要补充的化学养分N、P_2O_5、K_2O施入量分别定为10kg、5.5kg、12.5kg。在此基础上，将土壤肥力简单划分为低、中、高3级，施肥方式设定为传统施肥和水肥一体化施肥。土壤肥力判断不明确的情况下，按照中等肥力进行施用（表5-8-1）。

表5-8-1　生产100kg蓝莓每亩需要施入的
化学养分量　　　　　　单位：kg

肥力水平/	传统施肥			水肥一体化		
有机质（SOM）	N	P_2O_5	K_2O	N	P_2O_5	K_2O
低肥力（SOM<1%）	1.25	0.25	1.25	1.00	0.20	1.00
中等肥力（1%<SOM<2%）	1.00	0.20	1.00	0.80	0.16	0.80
高肥力（SOM>2%）	0.75	0.15	0.75	0.60	0.12	0.60

二、施肥时期与次数

传统施肥方式，蓝莓化肥一般分4个时期施用，分别为秋季基肥期、开花期、膨果期、浆果转熟期。

采用水肥一体化方式的蓝莓园，分5个施肥时期，分别为秋季基肥期、萌芽前、开花后、膨果期、成熟期。施肥总量不变的条件下，根据蓝莓每个生育期长短可每次施用2～3次，每次间隔7d以

上。全年施肥次数不少于6~8次。

三、不同施肥期氮、磷、钾肥施用比例

盛果期蓝莓需要综合考虑树体生长、花芽分化、果实品质形成等诸多因素影响，需根据各物候期果树对养分的需求进行分配（表5-8-2、表5-8-3）。

表5-8-2 传统施肥方式氮、磷、钾肥施用比例

肥料	秋季基肥期	开花期	膨果期	浆果转熟期
氮肥	40%	30%	25%	5%
磷肥	50%	20%	15%	15%
钾肥	30%	15%	15%	40%

表5-8-3 水肥一体化方式氮、磷、钾肥施用比例

肥料	秋季基肥期	萌芽前	开花后	膨果期	成熟期
氮肥	40%	15%	20%	25%	40%
磷肥	50%	15%	15%	10%	50%
钾肥	20%	10%	15%	15%	20%

四、不同施肥期的氮、磷、钾养分施用量

中等肥力条件下，不同施肥期氮、磷、钾养分施用量见表5-8-4、表5-8-5。

表5-8-4 生产100kg蓝莓传统施肥方式

每亩养分施用量 单位：kg

养分	秋季基肥期	开花期	膨果期	浆果转熟期
N	0.40	0.30	0.25	0.05
P_2O_5	0.10	0.04	0.03	0.03
K_2O	0.30	0.15	0.15	0.40

表 5-8-5　生产 100kg 蓝莓水肥一体化方式
每亩养分施用量　　　　　　　　　　单位：kg

养分	秋季基肥期	萌芽前	开花后	膨果期	成熟期
N	0.32	0.12	0.16	0.20	0.00
P_2O_5	0.08	0.02	0.02	0.02	0.02
K_2O	0.16	0.08	0.12	0.12	0.32

五、不同施肥期具体施肥操作

蓝莓的品种、种植管理等因素的差异会造成蓝莓单位面积产量不同。为方便果农参照，下面以传统施肥方式列出单位面积（亩）、单位产量（100kg）的肥料投入量。施用时，可以以此为依据，通过目标产量计算得出具体肥料用量。

（1）秋季基肥期肥料施用方法及用量　秋季肥料施用时，可采用条沟施肥，顺果园行间开沟，随开沟随施肥，及时覆土，每年变换开沟位置，以使肥力均衡。

表 5-8-6 提供了本时期生产 100kg 蓝莓需要补充的化学肥料用量，也可以每生产 100kg 蓝莓施用氮、磷、钾含量接近 23-6-17 的复合肥 1.78kg。具体肥料亩用量根据果园产量按倍数计算，施用时按照株行距换算成单株或单行用量进行施用。

表 5-8-6　生产 100kg 蓝莓秋季基肥期每亩肥料施用量

肥料类型	化学肥料用量（kg）	备注
硫酸铵（N，21%）	1.43	
15-15-15 复合肥	0.67	配合施用商品有机肥 1 500~2 000kg
农用硫酸钾（K_2O，50%）	0.40	

（2）开花期肥料施用方法及用量　幼果肥肥料施用时可用开沟方式施肥，可参照秋季基肥期，此时肥料类型只有化学肥料。各类肥料与土混匀覆盖后，及时灌水。

表 5-8-7 提供了本时期生产 100kg 蓝莓需要补充的化学肥料

用量，也可以每生产100kg蓝莓施用养分含量接近28-4-14的复合肥1.09kg。具体肥料亩用量根据果园产量按倍数计算，施用时按照株行距换算成单株或单行用量进行施用。

表5-8-7 生产100kg蓝莓开花期每亩肥料施用量

肥料类型	化学肥料用量（kg）
硫酸铵（N，21%）	1.24
15-15-15复合肥	0.27
农用硫酸钾（K_2O，50%）	0.22

（3）膨果期肥料施用方法及用量 施用方法与开花期相同。

表5-8-8提供了本时期生产100kg蓝莓需要补充的化学肥料用量，也可以每生产100kg蓝莓施用氮、磷、钾含量接近26-4-16的复合肥0.96kg。具体肥料亩用量根据果园产量按倍数计算，施用时按照株行距换算成单株或单行用量进行施用。

表5-8-8 生产100kg蓝莓膨果期每亩肥料施用量

肥料类型	化学肥料用量（kg）
硫酸铵（N，21%）	1.05
15-15-15复合肥	0.20
农用硫酸钾（K_2O，50%）	0.24

（4）浆果转熟期肥料施用方法及用量 施用方法与开花期相同。

表5-8-9提供了本时期生产100kg蓝莓需要补充的化学肥料用量，也可以每生产100kg蓝莓施用氮、磷、钾含量接近4-3-38的复合肥1.07kg。具体肥料亩用量根据果园产量按倍数计算，施用时按照株行距换算成单株或单行用量进行施用。

表5-8-9 生产100kg蓝莓浆果转熟期每亩肥料施用量

肥料类型	化学肥料用量（kg）
硫酸铵（N，21%）	0.10

（续）

肥料类型	化学肥料用量（kg）
15－15－15复合肥	0.20
农用硫酸钾（K_2O，50%）	0.74

设施栽培模式的蓝莓施肥时期与次数、各施肥期养分投入比例可参照传统施肥进行，每个施肥时期的肥料投入量可在传统施肥基础上减量10%～25%。

第九节　李、杏施肥管理方案

一、果园周年化学养分施入量的确定

有关李、杏养分吸收规律的参考资料偏少，本节参考桃的养分吸收规律，在生产1 000kg经济产量的每亩桃园所需要补充的化学养分N、P_2O_5、K_2O施入量的基础上乘以一定系数（2/3）。在此基础上，将土壤肥力简单划分为低、中、高3级，施肥方式设定为传统施肥和水肥一体化施肥。土壤肥力判断不明确的情况下，按照中等肥力进行施用（表5－9－1）。

表5-9-1　生产1 000kg李、杏每亩需要施入的化学养分量

单位：kg

肥力水平/ 有机质（SOM）	传统施肥			水肥一体化		
	N	P_2O_5	K_2O	N	P_2O_5	K_2O
低肥力 （SOM<1%）	8.33	4.58	10.42	6.67	3.67	8.33
中等肥力 （1%<SOM<2%）	6.67	3.67	8.33	5.33	2.93	6.67
高肥力 （SOM>2%）	5.00	2.75	6.25	4.00	2.20	5.00

二、施肥时期与次数

传统施肥方式，化肥一般分 4 个时期施用，分别为李、杏落叶后秋季基肥期（9 月中旬至 11 月中旬）、落花后-幼果期、果实膨大期和采果后（果实采收后 1～2 周内）。

采用水肥一体化方式的果园分 5 个施肥时期，分别为秋季基肥期、落花后-幼果期、果实膨大期、着色期、采果后。根据果树生育期长短，施用 2～3 次，每次间隔 7d 以上。全年施肥次数不少于 7 次。

三、不同施肥期氮、磷、钾肥施用比例

结果期果树需要考虑树体发育、花芽分化、果实品质形成等诸多因素，需根据各物候期果树对养分的需求进行分配（表 5 - 9 - 2、表 5 - 9 - 3）。

表 5 - 9 - 2　传统施肥方式氮、磷、钾肥施用比例

肥料	秋季基肥期	落花后-幼果期	果实膨大期	采果后
氮肥	40%	20%	20%	20%
磷肥	50%	20%	10%	20%
钾肥	20%	20%	40%	20%

表 5 - 9 - 3　水肥一体化方式氮、磷、钾肥施用比例

肥料	秋季基肥期	落花后-幼果期	果实膨大期	着色期	采果后
氮肥	40%	20%	20%	0%	20%
磷肥	50%	10%	10%	10%	20%
钾肥	20%	10%	10%	40%	20%

四、不同施肥期氮、磷、钾养分施用量

中等肥力条件下，不同施肥方式下的氮、磷、钾养分施用量见表5 -9 -4、表 5 - 9 - 5。

表 5 - 9 - 4　生产 1 000kg 李、杏传统施肥方式
每亩养分施用量　　　　　单位：kg

养分	秋季基肥期	落花后-幼果期	果实膨大期	采果后
N	2.7	1.3	1.3	1.3
P_2O_5	1.8	0.7	0.4	0.7
K_2O	1.7	1.7	3.3	1.7

表 5 - 9 - 5　生产 1 000kg 李、杏水肥一体化方式
每亩养分施用量　　　　　单位：kg

养分	秋季基肥期	落花后-幼果期	果实膨大期	着色期	采果后
N	2.1	1.1	1.1	0.0	1.1
P_2O_5	1.5	0.3	0.3	0.3	0.6
K_2O	1.3	0.7	0.7	2.7	1.3

五、不同施肥期具体施肥操作

　　品种、种植模式、管理方式会导致单位面积经济产量有较大差异。为方便大家使用，下面以传统施肥方式列出单位面积（亩）、单位产量（1 000kg）的肥料投入量。具体施用时，可以以此为依据进行简单计算得出。

　　（1）秋季基肥期肥料施用方法及用量　可以采用环状、放射沟或条沟施肥。环状施肥，在树冠外缘投影开沟，深宽 30～40cm，根据肥料用量适当调整沟的宽度和深度，多用于幼树和初结果树。放射沟施肥，以果树的树干为中心轴，以树冠垂直投影外缘到距离树干 1m 远处为沟长，由里向外开沟 4～8 条。这种施肥方法伤根少，能促进根系吸收，适于成年树。条沟施肥，顺李树或杏树行间开沟，随开沟随施肥，及时覆土，每年变换开沟位置，以使肥力均衡。

　　表 5 - 9 - 6 提供了本时期生产 1 000kg 李、杏需要补充的化学肥料用量，也可以每生产 1 000kg 李、杏施用氮、磷、钾含量接近 20 - 14 - 13 的复合肥 13.7 kg。具体肥料亩用量根据果园产量按倍

数计算，施用时按照株行距换算成单株或单行用量进行施用。

表 5 - 9 - 6　生产 1 000kg 李、杏秋季基肥期肥料施用量

肥料类型	化学肥料用量（kg）	备注
尿素（N，46%）	2	商品有机肥 1 500 ～
15 - 15 - 15 复合肥	13	2 000kg

（2）落花后-幼果期肥料施用方法及用量　施肥方式可参照秋季基肥时期，此时肥料类型只有化学肥料。各类肥料与土混匀覆盖后，及时灌水。

表 5 - 9 - 7 提供了本时期生产 1 000kg 李、杏需要补充的化学肥料用量，也可以每生产 1 000kg 李、杏施用氮、磷、钾含量接近16 - 9 - 20 的复合肥 8.5 kg。具体肥料亩用量根据果园产量按倍数计算，施用时按照株行距换算成单株或单行用量进行施用。

表 5 - 9 - 7　生产 1 000kg 李、杏落花后-幼果期每亩肥料施用量

肥料类型	化学肥料用量（kg）
硝酸铵钙（N，15%；Ca，18%）	4
15 - 15 - 15 复合肥	5
农用硫酸钾（K_2O，50%）	2

（3）果实膨大期肥料施用方法及用量　施用方法与秋季基肥相同。

表 5 - 9 - 8 提供了本时期生产 1 000kg 李、杏需要补充的化学肥料用量，也可以每生产 1 000kg 李、杏施用氮、磷、钾含量接近12 - 4 - 30 的复合肥 11.2 kg。具体肥料亩用量根据果园产量按倍数计算，施用时按照株行距换算成单株或单行用量进行施用。

表 5 - 9 - 8　生产 1 000kg 李、杏果实膨大期每亩肥料施用量

肥料类型	化学肥料用量（kg）
尿素（N，46%）	2

（续）

肥料类型	化学肥料用量（kg）
15－15－15复合肥	3
农用硫酸钾（K_2O，50％）	6

（4）采果后肥料施用方法及用量　施用方法与秋季基肥相同。

表5－9－9提供了本时期生产1 000kg李、杏需要补充的化学肥料用量，也可以每生产1 000kg李、杏施用氮、磷、钾含量接近16－9－20的复合肥8.3 kg。具体肥料亩用量根据果园产量按倍数计算，施用时按照株行距换算成单株或单行用量进行施用。

表5－9－9　生产1 000kg李、杏采果后每亩肥料施用量

肥料类型	化学肥料用量（kg）
尿素（N，46％）	2
15－15－15复合肥	5
农用硫酸钾（K_2O，50％）	2

第六章 常绿果树施肥管理方案

第一节 柑橘施肥管理方案

一、果园周年化学养分施入量的确定

结果期树：柑橘树形成 1 000kg 经济产量所需要吸收的 N、P_2O_5、K_2O 的量分别为 6.0kg、1.1kg、4.0kg。在传统施用方式和中等土壤肥力条件下，考虑到肥料利用率及土壤本身供肥量等因素，将 1 亩果园每生产 1 000kg 经济产量的柑橘，所需要补充的化学养分 N、P_2O_5、K_2O 施入量分别定为 12.3kg、3.3kg、8.8kg。在此基础上，将土壤肥力简单划分为低、中、高 3 级，施肥方式设定为传统施肥和水肥一体化施肥。土壤肥力判断不明确的情况下，按照中等肥力进行施用（表 6-1-1）。

表 6-1-1 生产 1 000kg 柑橘每亩需要施入的化学养分量

单位：kg

肥力水平/ 有机质（SOM）	传统施肥			水肥一体化		
	N	P_2O_5	K_2O	N	P_2O_5	K_2O
低肥力 （SOM<1%）	15.4	4.1	11	11.6	3.1	8.3
中等肥力 （1%<SOM<2%）	12.3	3.3	8.8	9.2	2.5	6.6
高肥力 （SOM>2%）	9.2	2.5	6.6	6.9	1.9	5.0

未结果树：未结果树及亩产量低于 1 000kg 的果园按照果实亩产量 1 000kg 计算氮肥用量，N、P_2O_5、K_2O 比例按照 1：0.3：0.7 施用，即每亩施入化学形态 N、P_2O_5、K_2O 的量分别为 9.0kg、2.8kg、6.3kg。在此基础上，将土壤肥力简单划分为低、中、高 3 级，施肥方式设定为传统施肥和水肥一体化施肥。土壤肥力判断不明确的情况下，按照中等肥力进行施用（表 6-1-2）。

表 6-1-2　未结果树每亩需要施入的化学养分量

单位：kg

肥力水平/ 有机质（SOM）	传统施肥			水肥一体化		
	N	P_2O_5	K_2O	N	P_2O_5	K_2O
低肥力 （SOM<1%）	11.3	3.5	7.9	8.5	2.6	5.9
中等肥力 （1%<SOM<2%）	9.0	2.8	6.3	6.8	2.1	4.7
高肥力 （SOM>2%）	6.8	2.1	4.7	5.1	1.6	3.5

二、施肥时期与次数

传统施肥方式全年分为 4 个施肥时期，分别为秋冬季基肥期、萌芽追肥期、稳果追肥期和壮果追肥期，考虑到传统施肥较为费工费时，每个时期施肥 1 次。

水肥一体化方式全年分为 4 个施肥时期，分别为秋季基肥期、萌芽-开花期、幼果膨大期、果实膨大-转色期。施肥总量不变的前提下，根据时间长短每个时期施用 3～4 次，每次间隔 7d 以上。全年施肥次数不少于 12 次。

三、不同施肥期氮、磷、钾肥施用比例

结果期果树需要考虑树体发育、花芽分化、果实品质形成等诸多因素，需根据各物候期果树对养分的需求进行分配（表 6-1-3、表 6-1-4）。

表 6-1-3 传统施肥方式氮、磷、钾肥施用比例

肥料	秋冬季基肥期	萌芽追肥期	稳果追肥期	壮果追肥期
氮肥	20%	40%	10%	30%
磷肥	40%	30%	20%	10%
钾肥	30%	10%	20%	40%

表 6-1-4 水肥一体化方式氮、磷、钾肥施用比例

肥料	秋季基肥期	萌芽-开花期	幼果膨大期	果实膨大-转色期
氮肥	20%	30%	40%	10%
磷肥	40%	40%	10%	10%
钾肥	30%	10%	20%	40%

未结果期树肥料在各物候期均匀分配即可。

四、不同施肥期氮、磷、钾养分施用量

中等肥力条件下,不同施肥期氮、磷、钾养分施用量见表 6-1-5、表 6-1-6。

表 6-1-5 生产 1 000kg 柑橘传统施肥方式
每亩养分施用量 单位:kg

养分	秋冬季基肥期	萌芽追肥期	稳果追肥期	壮果追肥期
N	2.46	4.92	1.23	3.69
P_2O_5	1.32	0.99	0.66	0.33
K_2O	2.64	0.88	1.76	3.52

表 6-1-6 生产 1 000kg 柑橘水肥一体化方式
每亩养分施用量 单位:kg

养分	秋季基肥期	萌芽-开花期	幼果膨大期	果实膨大-转色期
N	1.84	2.76	3.68	0.92
P_2O_5	1	1	0.25	0.25

（续）

养分	秋季基肥期	萌芽-开花期	幼果膨大期	果实膨大-转色期
K₂O	1.98	0.66	1.32	2.64

五、不同施肥期具体施肥操作

树龄、产量、品种、土壤肥力、气候、施用方式等会导致单位面积柑橘产量有较大差异。为方便大家使用，下面列出单位面积（亩）、单位产量（1 000kg）的肥料投入量。具体施用时，可以以此为依据进行简单计算得出。

1. 传统施肥方式

（1）秋冬季基肥期肥料施用方法及用量　可采用放射状沟施肥，即沿树干向外，隔开骨干根挖数条放射状沟施肥；也可采用条沟施肥，即对成行树和矮密果园，沿行间的树冠外围挖沟施肥，沟宽30cm、深40cm左右。每年交换位置。施肥时将有机肥与各类化肥一同施入，与土混匀覆盖后，及时灌水。

表6-1-7提供了本时期生产1 000kg柑橘需要补充的化学肥料用量，也可以每生产1 000kg柑橘施用氮、磷、钾含量接近24-13-26的复合肥10kg。具体肥料亩用量根据果园产量按倍数计算，施用时按照株行距换算成单株或单行用量进行施用。

表6-1-7　生产1 000kg柑橘秋冬季基肥期每亩肥料施用量

肥料类型	化学肥料用量（kg）	备注
尿素（N，46%）	2.48	每亩须配合施用2 000～
15-15-15复合肥	8.8	3 000kg优质堆肥或500～
农用硫酸钾（K₂O，50%）	2.64	1 000kg商品有机肥

（2）萌芽追肥期肥料施用方法及用量　萌芽追肥期肥料类型主要以化学肥料为主，可采用沟施或穴施，开沟或挖穴的深度和宽度可以在15～20cm，也可以撒施。各类肥料与土混匀覆盖后，及时灌水。

表6-1-8提供了本时期生产1 000kg柑橘需要补充的化学肥

料用量，也可以生产 1 000kg 柑橘施用养分含量接近 25 - 6 - 8 的复合肥 20kg。具体肥料亩用量根据果园产量按倍数计算，施用时按照株行距换算成单株或单行用量进行施用。

表 6 - 1 - 8　生产 1 000kg 柑橘萌芽追肥期每亩肥料施用量

肥料类型	化学肥料用量（kg）
硝酸铵钙（N，15%；Ca，18%）	26.2
15 - 15 - 15 复合肥	6.6

（3）稳果追肥期肥料施用方法及用量　施用方法与萌芽追肥期相同。

表 6 - 1 - 9 提供了本时期生产 1 000kg 柑橘需要补充的化学肥料用量，也可以每生产 1 000kg 柑橘施用氮、磷、钾含量接近 20 - 11 - 34 的复合肥 6kg。具体肥料亩用量根据果园产量按倍数计算，施用时按照株行距换算成单株或单行用量进行施用。

表 6 - 1 - 9　生产 1 000kg 柑橘稳果追肥期每亩肥料施用量

肥料类型	化学肥料用量（kg）
尿素（N，46%）	1.24
15 - 15 - 15 复合肥	4.4
农用硫酸钾（K$_2$O，50%）	2.2

（4）壮果追肥期肥料施用方法及用量　施用方法与萌芽追肥期相同。

表 6 - 1 - 10 提供了本时期生产 1 000kg 柑橘需要补充的化学肥料用量，也可以每生产 1 000kg 柑橘施用氮、磷、钾含量接近 18 - 5 - 18 的复合肥 20kg。具体肥料亩用量根据果园产量按倍数计算，施用时按照株行距换算成单株或单行用量进行施用。

表 6 - 1 - 10　生产 1 000kg 柑橘壮果追肥期每亩肥料施用量

肥料类型	化学肥料用量（kg）
尿素（N，46%）	7.30

（续）

肥料类型	化学肥料用量（kg）
15-15-15复合肥	2.2
农用硫酸钾（K$_2$O，50%）	6.38

2. 水肥一体化方式

（1）秋季基肥期肥料施用方法及用量　有机肥的施用参照传统施肥方式开沟施用。化肥的施用通过水肥一体化系统注入。

表6-1-11提供了本时期生产1 000kg柑橘需要补充的化学肥料用量，也可以每生产1 000kg柑橘施用氮、磷、钾含量接近18-10-20的复合肥10kg。具体肥料亩用量根据果园产量按倍数计算。全部肥料分3~4次施入，每次肥料用量均衡施入或前多后少施入。

表6-1-11　生产1 000kg柑橘秋季基肥期每亩肥料施用量

肥料类型	化学肥料用量（kg）	备注
尿素（N，46%）	2.33	每亩须配合施用2 000~3 000kg优质堆肥或500~1 000kg商品有机肥
磷酸一铵（工业级；N，11.5%；P$_2$O$_5$，60.5%）	1.65	
硝酸钾（一等级，晶体；N，13.5%；K$_2$O，46%）	4.30	

（2）萌芽-开花期肥料施用方法及用量　化学肥料的施入均通过水肥一体化系统注入。

表6-1-12提供了本时期生产1 000kg柑橘需要补充的化学肥料用量，也可以每生产1 000kg柑橘施用氮、磷、钾含量接近14-5-5的复合肥20kg。具体肥料亩用量根据果园产量按倍数计算。全部肥料分2~3次施入，每次肥料用量均衡施入或前少后多施入。

表6-1-12　生产1 000kg柑橘萌芽-开花期每亩肥料施用量

肥料类型	化学肥料用量（kg）
硝酸铵钙（N，15%；Ca，18%）	15.87

（续）

肥料类型	化学肥料用量（kg）
磷酸一铵（工业级；N，11.5%；P_2O_5，60.5%）	1.65
硝酸钾（一等级，晶体；N，13.5%；K_2O，46%）	1.43

（3）幼果膨大期肥料施用方法及用量　化学肥料的施入均通过水肥一体化系统注入。

表6-1-13提供了本时期生产1 000kg柑橘需要补充的化学肥料用量，也可以每生产1 000kg柑橘施用氮、磷、钾含量接近25-5-9的复合肥15kg。具体肥料亩用量根据果园产量按倍数计算。全部肥料分2～3次施入，每次肥料用量均衡施入或前多后少施入。

表6-1-13　生产1 000kg柑橘幼果膨大期每亩肥料施用量

肥料类型	化学肥料用量（kg）
尿素（N，46%）	7.04
磷酸一铵（工业级；N，11.5%；P_2O_5，60.5%）	0.41
硝酸钾（一等级，晶体；N，13.5%；K_2O，46%）	2.87

（4）果实膨大-转色期肥料施用方法及用量　化学肥料的施入均通过水肥一体化系统注入。

表6-1-14提供了本时期生产1 000kg柑橘需要补充的化学肥料用量，也可以每生产1 000kg柑橘施用养分含量接近14-5-40的复合肥6.6kg。具体肥料亩用量根据果园产量按倍数计算。全部肥料分3～4次施入，每次肥料用量均衡施入或前多后少施入。

表6-1-14　生产1 000kg柑橘果实膨大-转色期每亩肥料施用量

肥料类型	化学肥料用量（kg）
尿素（N，46%）	2
磷酸二氢钾（P_2O_5，51.5%；K_2O，34.5%）	7.65

第二节 香蕉施肥管理方案

一、果园周年化学养分施入量的确定

香蕉形成 1 000kg 经济产量所需要吸收的 N、P_2O_5、K_2O 的量分别为 5.4kg、1.1kg、20.0kg。在传统施用方式和中等土壤肥力条件下，考虑到肥料利用率、南方土壤淋失及土壤本身供肥量等因素，将 1 亩果园每生产 1 000kg 经济产量所需要补充的化学养分 N、P_2O_5、K_2O 量分别定为 18.91kg、2.44kg、53.75kg。在此基础上，将土壤肥力简单划分为低、中、高 3 级，施肥方式设定为传统施肥和滴灌施肥。土壤肥力判断不明确的情况下，按照中等肥力进行施用（表 6 - 2 - 1）。

表 6 - 2 - 1   生产 1 000kg 香蕉每亩需要施入的化学养分量

单位：kg

肥力水平/ 有机质（SOM）	传统施肥			滴灌施肥		
	N	P_2O_5	K_2O	N	P_2O_5	K_2O
低肥力（SOM<1%）	23.64	3.05	67.19	17.73	2.29	50.39
中等肥力 （1%<SOM<2%）	18.91	2.44	53.75	14.18	1.83	40.31
高肥力 （SOM>2%）	14.18	1.83	40.31	10.64	1.37	30.23

二、施肥时期与次数

传统施肥方式全年分为 4 个施肥时期，分别为秋冬季基肥期、壮苗追肥期、壮穗追肥期和壮果追肥期。秋冬季基肥期在 11 月下旬，施肥次数 1 次；壮苗追肥期一般施肥 3～4 次；壮穗追肥期一般施肥 2 次；壮果追肥期一般施肥 2～3 次。

滴灌施肥技术是将灌溉技术与配方施肥技术融为一体的新型高

效灌溉施肥技术，可减小土壤盐碱化，省肥、节能，对地形适应能力强，是当今最有发展前景的先进灌溉施肥技术之一。香蕉滴灌施肥方式全年分为7个施肥时期，分别为秋冬季基肥期、营养生长前期、营养生长后期、花芽分化期、孕蕾-现蕾期、幼果发育期、果实膨大期。施肥总量不变的前提下，遵循"少量多次"的原则，间隔2～7d施肥1次，全年施肥次数在18～20次。

三、不同施肥期氮、磷、钾肥施用比例

香蕉施肥需要考虑树体发育、花芽分化、产量、果实品质形成等诸多因素，需根据各物候期香蕉对肥料的需求进行分配（表6-2-2、表6-2-3）。

表6-2-2 传统施肥方式氮、磷、钾肥施用比例

肥料	秋冬季基肥期	壮苗追肥期	壮穗追肥期	壮果追肥期
氮肥	5%	35%	35%	25%
磷肥	70%	10%	10%	10%
钾肥	5%	25%	35%	35%

表6-2-3 滴灌施肥方式氮、磷、钾肥施用比例

肥料	秋冬季基肥期	营养生长前期	营养生长后期	花芽分化期	孕蕾-现蕾期	幼果发育期	果实膨大期
氮肥	5%	15%	5%	10%	25%	30%	10%
磷肥	40%	20%	10%	15%	5%	5%	5%
钾肥	5%	5%	10%	15%	30%	30%	5%

四、不同施肥期氮、磷、钾养分施用量

中等肥力条件下，不同施肥期氮、磷、钾养分施用量见表6-2-4、表6-2-5。

表 6 - 2 - 4　生产 1 000kg 香蕉传统施肥方式
每亩养分施用量　　　单位：kg

养分	秋冬季基肥期	壮苗追肥期	壮穗追肥期	壮果追肥期
N	0.95	6.62	6.62	4.73
P_2O_5	1.71	0.24	0.24	0.24
K_2O	2.69	13.44	18.81	18.81

表 6 - 2 - 5　生产 1 000kg 香蕉滴灌施肥方式
每亩养分施用量　　　单位：kg

养分	秋冬季施肥期	营养生长前期	营养生长后期	花芽分化期	孕蕾-现蕾期	幼果发育期	果实膨大期
N	0.71	2.13	0.71	1.42	3.55	4.25	1.42
P_2O_5	0.73	0.37	0.18	0.27	0.09	0.09	0.09
K_2O	2.02	2.02	4.03	6.05	12.09	12.09	2.02

五、不同施肥期具体施肥操作

产量、品种、土壤肥力、气候、施用方式等会导致单位面积香蕉产量有较大差异。为方便大家使用，下面列出单位面积（亩）、单位产量（1 000kg）的肥料投入量。具体施用时，可以以此为依据进行简单计算得出。

1. 传统施肥方式

（1）秋冬季基肥期肥料施用方法及用量　秋冬季肥料施用时，采用条沟施肥，即对沿行间的香蕉树冠外围挖沟施肥，沟宽 30cm、深 40cm 左右。每年交换位置。施肥时将有机肥与各类化肥一同施入，与土混匀覆盖后，及时灌水。

表 6 - 2 - 6 提供了本时期生产 1 000kg 香蕉需要补充的化学肥料用量，也可以每生产 1 000kg 香蕉施用氮、磷、钾含量接近 10 - 17 - 26 的复合肥 10kg。具体肥料亩用量根据果园产量按倍数计算，施用时按照株行距换算成单株或单行用量进行施用。

表 6-2-6 生产 1 000kg 香蕉秋冬季基肥期每亩肥料施用量

肥料类型	化学肥料用量（kg）	备注
15-15-15 复合肥	11.40	每亩须配合施用 2 000～4 000kg 优质堆肥，或 1 000～1 500kg 商品有机肥
农用硫酸钾（K₂O，50%）	1.96	

（2）壮苗追肥期肥料施用方法及用量 壮苗追肥期肥料类型主要以化学肥料为主，可采用沟施或穴施，开沟或挖穴的深度和宽度可以在 15～20cm，也可以撒施。各类肥料与土混匀覆盖后，及时灌水。

表 6-2-7 提供了本时期生产 1 000kg 香蕉需要补充的化学肥料用量，也可以每生产 1 000kg 香蕉施用氮、磷、钾含量接近 30-2-50 的复合肥 20kg。具体肥料亩用量根据果园产量按倍数计算，施用时按照株行距换算成单株或单行用量进行施用。

表 6-2-7 生产 1 000kg 香蕉壮苗追肥期每亩肥料施用量

肥料类型	化学肥料用量（kg）
硝酸铵钙（N，15%；Ca，18%）	42.53
15-15-15 复合肥	1.60
农用硫酸钾（K₂O，50%）	26.4

（3）壮穗追肥期肥料施用方法及用量 施用方法与壮苗追肥期相同。

表 6-2-8 提供了本时期生产 1 000kg 香蕉需要补充的化学肥料用量，也可以每生产 1 000kg 香蕉施用氮、磷、钾含量接近 22-2-42 的复合肥 30kg。具体肥料亩用量根据果园产量按倍数计算，施用时按照株行距换算成单株或单行用量进行施用。

表 6-2-8 生产 1 000kg 香蕉壮穗追肥期每亩肥料施用量

肥料类型	化学肥料用量（kg）
尿素（N，46%）	13.87
15-15-15 复合肥	1.60

（续）

肥料类型	化学肥料用量（kg）
农用硫酸钾（K_2O，50%）	37.14

（4）壮果追肥期肥料投入量及施肥方法　施用方法与壮苗追肥期相同。

表6-2-9提供了本时期生产1 000kg香蕉需要补充的化学肥料用量，也可以每生产1 000kg香蕉施用氮、磷、钾含量接近10-5-42的复合肥30kg。具体肥料亩用量根据果园产量按倍数计算，施用时按照株行距换算成单株或单行用量进行施用。

表6-2-9　生产1 000kg香蕉壮果追肥期每亩肥料施用量

肥料类型	化学肥料用量（kg）
尿素（N，46%）	9.76
15-15-15复合肥	1.60
农用硫酸钾（K_2O，50%）	37.14

2. 滴灌施肥方式

（1）秋冬季基肥期肥料施用方法及用量　有机肥的施用参照传统施肥方式开沟施用。化肥的施用通过滴灌系统注入。

表6-2-10提供了本时期生产1 000kg香蕉需要补充的化学肥料用量，也可以每生产1 000kg香蕉施用氮、磷、钾含量接近7-7-20的复合肥10kg。具体肥料亩用量根据果园产量按倍数计算。

表6-2-10　生产1 000kg香蕉秋冬季基肥期每亩肥料施用量

肥料类型	化学肥料用量（kg）	备注
尿素（N，46%）	0	
磷酸一铵（工业级；N，11.5%；P_2O_5，60.5%）	1.2	每亩须配合施用2 000～4 000kg优质堆肥，或1 000～1 500kg商品有机肥
硝酸钾（一等级，晶体；N，13.5%；K_2O，46%）	4.39	

（2）营养生长前期肥料施用方法及用量　化学肥料的施入均通过滴灌系统注入。

表 6-2-11 提供了本时期生产 1 000kg 香蕉需要补充的化学肥料用量，也可以每生产 1 000kg 香蕉施用氮、磷、钾含量接近 21-4-20 的复合肥 10kg。具体肥料亩用量根据果园产量按倍数计算。全部肥料分 2~3 次施入，每次肥料用量均衡施入或前少后多施入。

表 6-2-11　生产 1 000kg 香蕉营养生长前期每亩肥料施用量

肥料类型	化学肥料用量（kg）
硝酸铵钙（N, 15%；Ca, 18%）	9.33
磷酸一铵（工业级；N, 11.5%；P_2O_5, 60.5%）	0.61
硝酸钾（一等级，晶体；N, 13.5%；K_2O, 46%）	4.39

（3）营养生长后期肥料施用方法及用量　化学肥料的施入均通过滴灌系统注入。

表 6-2-12 提供了本时期生产 1 000kg 香蕉需要补充的化学肥料用量，也可以每生产 1 000kg 香蕉施用氮、磷、钾含量接近 7-3-40 的复合肥 10kg。具体肥料亩用量根据果园产量按倍数计算。全部肥料分 2~3 次施入，每次肥料用量均衡施入或前多后少施入。

表 6-2-12　生产 1 000kg 香蕉营养生长后期每亩肥料施用量

肥料类型	化学肥料用量（kg）
磷酸一铵（工业级；N, 11.5%；P_2O_5, 60.5%）	0.30
硝酸钾（一等级，晶体；N, 13.5%；K_2O, 46%）	8.76

（4）花芽分化期肥料施用方法及用量　化学肥料的施入均通过滴灌系统注入。

表 6-2-13 提供了本时期生产 1 000kg 香蕉需要补充的化学肥料用量，也可以每生产 1 000kg 香蕉施用养分含量接近 14-10-42 的复合肥 10kg。具体肥料亩用量根据果园产量按倍数计算。全部肥料分 2~3 次施入，每次肥料用量均衡施入或前多后少施入。

表 6-2-13　生产 1 000kg 香蕉花芽分化期每亩肥料施用量

肥料类型	化学肥料用量（kg）
磷酸一铵（工业级；N，11.5%；P_2O_5，60.5%）	0.45
硝酸钾（一等级，晶体；N，13.5%；K_2O，46%）	13.11

（5）孕蕾-现蕾期肥料施用方法及用量　化学肥料的施入均通过滴灌系统注入。

表 6-2-14 提供了本时期生产 1 000kg 香蕉需要补充的化学肥料用量，也可以每生产 1 000kg 香蕉施用氮、磷、钾含量接近 12-10-42 的复合肥 10kg。具体肥料亩用量根据果园产量按倍数计算。全部肥料分 2～3 次施入，每次肥料用量均衡施入或前多后少施入。

表 6-2-14　生产 1 000kg 香蕉孕蕾-现蕾期每亩肥料施用量

肥料类型	化学肥料用量（kg）
磷酸一铵（工业级；N，11.5%；P_2O_5，60.5%）	0.15
硝酸钾（一等级，晶体；N，13.5%；K_2O，46%）	26.28

（6）幼果发育期肥料施用方法及用量　化学肥料的施入均通过滴灌系统注入。

表 6-2-15 提供了本时期生产 1 000kg 香蕉需要补充的化学肥料用量，也可以每生产 1 000kg 香蕉施用氮、磷、钾含量接近 20-1-42 的复合肥 20kg。具体肥料亩用量根据果园产量按倍数计算。全部肥料分 2～3 次施入，每次肥料用量均衡施入或前多后少施入。

表 6-2-15　生产 1 000kg 香蕉幼果发育期每亩肥料施用量

肥料类型	化学肥料用量（kg）
尿素（N，46%）	9.24
磷酸二氢钾（P_2O_5，51.5%；K_2O，34.5%）	35.04

（7）果实膨大期肥料施用方法及用量　化学肥料的施入均通过水肥一体化系统注入。

表 6 - 2 - 16 提供了本时期生产 1 000kg 香蕉需要补充的化学肥料用量，也可以每生产 1 000kg 香蕉施用氮、磷、钾含量接近 14 - 2 - 20 的复合肥 10kg。具体肥料亩用量根据果园产量按倍数计算。全部肥料分 3～4 次施入，每次肥料用量均衡施入或前多后少施入。

表 6 - 2 - 16　生产 1 000kg 香蕉果实膨大期每亩肥料施用量

肥料类型	化学肥料用量（kg）
尿素（N，46%）	1.83
硝酸钾（一等级，晶体；N，13.5%；K_2O，46%）	4.26
磷酸二氢钾（P_2O_5，51.5%；K_2O，34.5%）	0.17

第三节　菠萝施肥管理方案

一、果园周年化学养分施入量的确定

菠萝形成 1 000kg 经济产量所需要吸收的 N、P_2O_5、K_2O 的量分别为 6 kg、2 kg、12 kg。在传统施肥方式和中等土壤肥力条件下，考虑到肥料利用率及土壤本身供肥量等因素，将菠萝园每生产 2 000kg 经济产量每亩果园所需要补充的化学养分 N、P_2O_5、K_2O 施入量分别定为 30 kg、12 kg、50 kg。在此基础上，将土壤肥力简单划分为低、中、高 3 级，施肥方式设定为传统施肥和水肥一体化施肥。土壤肥力判断不明确的情况下，按照中等肥力进行施用（表 6 - 3 - 1）。

表 6 - 3 - 1　生产 2 000kg 菠萝每亩需要施入的化学养分量

单位：kg

肥力水平/有机质（SOM）	传统施肥			水肥一体化		
	N	P_2O_5	K_2O	N	P_2O_5	K_2O
低肥力（SOM<1%）	40	16	60	30	12	45

（续）

肥力水平/	传统施肥			水肥一体化		
有机质（SOM）	N	P_2O_5	K_2O	N	P_2O_5	K_2O
中等肥力 （1%＜SOM＜2%）	30	12	50	24	9	40
高肥力 （SOM＞2%）	20	8	40	16	8	30

二、施肥时期与次数

菠萝从定植至收获第一造果，一般需要 15～16 个月。传统施肥方式分为 5 个施肥时期，分别为基肥、壮苗肥、壮花肥、壮果催芽肥、壮芽肥。

基肥，菠萝定植时施用，可基本满足菠萝 1 年中对养分的需求。基肥以有机肥为主，适当施用一些化肥，以磷肥为主。壮苗肥，菠萝苗期达 6 个月以上，是形成产量的关键时期，根据不同时期，具体分为壮小苗肥、壮中苗肥、壮大苗肥。壮小苗肥从定植到新抽生叶片 10 片左右期间施用，中苗肥从 10 叶期到菠萝封行期间施用，大苗肥从封行到现红抽蕾期间施用。壮小苗肥、壮中苗肥以氮肥为主，适当配施钾肥，追肥 1～3 次，壮大苗肥以钾肥为主。壮花肥，正造花花芽分化前 1 个月施用，以钾肥、磷肥为主，配施氮肥，氮肥用量宜适当控制，若营养过高则会造成人工催花失败。壮果催芽肥，以高钾、中氮肥促进果实增大。壮芽肥，果实采收后，施肥量占总施肥量的 5%～10%。

水肥一体化方式也分为同样的 5 个施肥时期，总用肥量要比传统施肥量低，每个时期施肥总量固定的条件下，每个时期可以增加肥料施用次数 2～3 次，每次间隔 7d 以上。

三、不同施肥期氮、磷、钾肥施用比例

菠萝各生育期所需养分不同，应该按其需肥特点进行施肥。菠萝生长过程中对氮、磷、钾养分的吸收有 3 个高峰期，第一高峰期

为 10～20 叶期，第二高峰期为 27～45 叶期，第三高峰期为现红至小果期（表 6－3－2）。

表 6－3－2　氮、磷、钾肥施用比例

肥料	基肥	壮苗肥	壮花肥	壮果催芽肥	壮芽肥
氮肥	30%	30%	10%	20%	10%
磷肥	60%	10%	15%	10%	5%
钾肥	10%	20%	20%	45%	5%

四、不同施肥期氮、磷、钾养分施用量

中等肥力条件下，不同施肥期氮、磷、钾养分施用量见表 6－3－3、表 6－3－4。

表 6－3－3　生产 2 000kg 菠萝传统施肥方式
每亩养分施用量　　　　　　单位：kg

养分	基肥	壮苗肥	壮花肥	壮果催芽肥	壮芽肥
N	9	9	3	6	3
P_2O_5	7.2	1.2	1.8	1.2	0.6
K_2O	5	10	10	22.5	2.5

表 6－3－4　生产 2 000kg 菠萝水肥一体化方式
每亩养分施用量　　　　　　单位：kg

养分	基肥	壮苗肥	壮花肥	壮果催芽肥	壮芽肥
N	7.2	7.2	2.4	4.8	2.4
P_2O_5	5.4	0.9	1.35	0.9	0.45
K_2O	4	8	8	18	2

五、不同施肥期具体施肥操作

品种、种植模式、管理方式会导致单位面积菠萝产量有较大差

异。为方便大家使用，下面列出单位面积（亩）、产量（2 000kg）的肥料投入量。具体施用时，可以以此为依据进行简单计算得出。

1. 传统施肥方式

（1）基肥施用方法及用量　基肥以有机肥为主，适当施用氮、磷、钾肥料，以磷肥为主，可将整个种植期一半以上的磷肥在基肥中施用，过磷酸钙或磷矿粉与有机肥混合堆腐后施用，钙镁磷肥则需要在临施肥前与有机肥混合施入或者单独施入。氮肥多选择尿素，钾肥可以用硫酸钾。其中氮素可投入整个种植期氮素的 30%，磷素可投入整个种植期磷素的 60%，钾素可投入整个种植期钾素的 10%。

基肥可采用条施的方法施在定植行内，肥料施入后覆土，有利于根系吸收养分，促进根系生长。

表 6-3-5 提供了本时期亩产 2 000kg 菠萝需要补充的化学肥料用量。具体肥料亩用量根据果园产量按倍数计算，施用时按照株行距换算成单株或单行用量进行施用。

表 6-3-5　生产 2 000kg 菠萝基肥每亩施用量

肥料类型	化学肥料用量（kg）	备注
尿素（N，46%）	9	每亩须配合施用
15-15-15 复合肥	33	2 000kg 优质堆肥或 500～
过磷酸钙	14	1 000kg 商品有机肥

（2）壮苗肥施用方法及用量　菠萝壮苗肥以氮素为主，适当配施钾素，其中氮素可投入整个种植期氮素的 30%，磷素可投入整个种植期磷素的 10%，钾素可投入整个种植期钾素的 10%，根据不同时期又可分为壮小苗肥、壮中苗肥、壮大苗肥。施用方法可采用行内条施，肥料施入后覆土。

表 6-3-6 提供了本时期生产 2 000kg 菠萝需要补充的化学肥料用量。具体肥料亩用量根据果园产量按倍数计算，施用时按照株行距换算成单行用量进行施用。

表6-3-6　生产2 000kg菠萝壮苗肥每亩施用量

肥料类型	化学肥料用量（kg）
尿素	17
15-15-15复合肥	8
农用硫酸钾（K₂O，50%）	18

（3）壮花肥施用方法及用量　花期肥料在正造花芽分化前1个月施用，以钾素、磷素为主，配施氮素。氮素用量宜适当控制，若营养过高则会造成人工催花失败。其中氮素可投入整个种植期氮素的10%，磷素可投入整个种植期磷素的15%，钾素可投入整个种植期钾素的20%。施用方法可采用行内条施，肥料施入后覆土。

表6-3-7提供了本时期生产2 000kg菠萝需要补充的化学肥料用量。具体肥料亩用量根据果园产量按倍数计算，施用时按照株行距换算成单行用量进行施用。

表6-3-7　生产2 000kg菠萝壮花肥每亩施用量

肥料类型	化学肥料用量（kg）
尿素（N，46%）	3
15-15-15复合肥	12
农用硫酸钾（K₂O，50%）	17

（4）壮果催芽肥施用方法及用量　壮果催芽肥在菠萝谢花后果实迅速膨大期施肥，肥料以高量钾、中量氮为主，其中氮素可投入整个种植期氮素的20%，磷素可投入整个种植期磷素的10%，钾素可投入整个种植期钾素的45%。施用方法可采用行内条施，肥料施入后覆土。

表6-3-8提供了本时期生产2 000kg菠萝需要补充的化学肥料用量。具体肥料亩用量根据果园产量按倍数计算，施用时按照株

行距换算成单行用量进行施用。

表 6 - 3 - 8　生产 2 000kg 菠萝壮果催芽肥每亩施用量

肥料类型	化学肥料用量（kg）
尿素（N，46%）	11
15 - 15 - 15 复合肥	8
农用硫酸钾（K_2O，50%）	43

（5）壮芽肥施用方法及用量　果实采后吸芽、托芽需要生长，为下造果提供健壮的母株，其中氮素可投入整个种植期氮素的 10%，磷素可投入整个种植期磷素的 5%，钾素可投入整个种植期钾素的 5%。施用方法可采用淋施 1～2 次。

表 6 - 3 - 9 提供了本时期生产 2 000kg 菠萝需要补充的化学肥料用量。具体肥料亩用量根据果园产量按倍数计算，施用时按照株行距换算成单行用量进行施用。

表 6 - 3 - 9　生产 2 000kg 菠萝壮芽肥每亩施用量

肥料类型	化学肥料用量（kg）
尿素（N，46%）	6
15 - 15 - 15 复合肥	4
农用硫酸钾（K_2O，50%）	4

2. 水肥一体化方式

（1）基肥施用方法及用量　有机肥的施用量及施肥方法参照传统施肥方式开沟施用，化肥投入比例参照传统施肥方式。化肥的施用通过水肥一体化系统注入。

表 6 - 3 - 10 提供了本时期生产 2 000kg 菠萝需要补充的化学肥料用量。具体肥料亩用量根据果园产量按倍数计算。全部肥料分 3～4 次施入，每次肥料用量均衡施入或前多后少施入。

表 6 - 3 - 10 生产 2 000kg 菠萝基肥每亩施用量

肥料类型	化学肥料用量（kg）	备注
磷酸一铵（工业级；N，11.5%；P$_2$O$_5$，60.5%）	13	每亩须配合施用2 000kg优质堆肥或500～1 000kg商品有机肥
硝酸钾（一等级，晶体；N，13.5%；K$_2$O，46%）	9	

（2）壮苗肥施用方法及用量　菠萝壮苗肥以氮素为主，氮、磷、钾投入比例参照传统施肥方式。化学肥料的施入均通过水肥一体化系统注入。

表 6 - 3 - 11 提供了本时期生产 2 000kg 菠萝需要补充的化学肥料用量。具体肥料亩用量根据果园产量按倍数计算。全部肥料分多次施入，每次肥料用量均衡施入或前少后多施入。

表 6 - 3 - 11 生产 2 000kg 菠萝壮苗肥每亩施用量

肥料类型	化学肥料用量（kg）
尿素（N，46%）	10
磷酸一铵（工业级；N，11.5%；P$_2$O$_5$，60.5%）	2
硝酸钾（一等级，晶体；N，13.5%；K$_2$O，46%）	18

（3）壮花肥施用方法及用量　氮、磷、钾肥投入比例参照传统施肥方式，化学肥料的施入均通过水肥一体化系统注入。

表 6 - 3 - 12 提供了本时期生产 2 000kg 菠萝需要补充的化学肥料用量。具体肥料亩用量根据果园产量按倍数计算。全部肥料分2～3 次施入，每次肥料用量均衡施入或前多后少施入。

表 6 - 3 - 12 生产 2 000kg 菠萝壮花肥每亩施用量

肥料类型	化学肥料用量（kg）
磷酸一铵（工业级；N，11.5%；P$_2$O$_5$，60.5%）	1.53
硝酸钾（一等级，晶体；N，13.5%；K$_2$O，46%）	183.5

（4）壮果催芽肥施用方法及用量　氮、磷、钾投入比例参照传

统施肥方式，化学肥料的施入均通过水肥一体化系统注入。

表6-3-13提供了本时期生产2 000kg菠萝需要补充的化学肥料用量。具体肥料亩用量根据果园产量按倍数计算。全部肥料分2~3次施入，每次肥料用量均衡施入或前多后少施入。

表6-3-13　生产2 000kg菠萝壮果催芽肥
每亩施用量

肥料类型	化学肥料用量（kg）
磷酸一铵（工业级；N，11.5%；P_2O_5，60.5%）	2
硝酸钾（一等级，晶体；N，13.5%；K_2O，46%）	40

（5）壮芽肥施用方法及用量　壮芽肥氮、磷、钾投入比例参照传统施肥方式，化学肥料的施入均通过水肥一体化系统注入。

表6-3-14提供了本时期生产2 000kg菠萝需要补充的化学肥料用量。具体肥料亩用量根据果园产量按倍数计算。全部肥料分2~3次施入，每次肥料用量均衡施入或前多后少施入。

表6-3-14　生产2 000kg菠萝壮芽肥
每亩施用量

肥料类型	化学肥料用量（kg）
尿素	4
磷酸一铵（工业级；N，11.5%；P_2O_5，60.5%）	1
硝酸钾（一等级，晶体；N，13.5%；K_2O，46%）	5

第四节　火龙果施肥管理方案

一、果园周年化学养分施入量的确定

火龙果大部分是仙人掌科量天尺属植物，多年生攀缘性多肉植物，多生长在热带、亚热带地区。火龙果植株无主根，侧根大量分布在浅表土层，同时有很多气生根，可攀缘生长。茎枝条多为深绿

色或者墨绿色，粗壮，一般长 3～15m，粗为 3～8cm，枝条多为三棱形。叶片退化，由茎秆承担光合作用。

在传统施用方式和中等土壤肥力条件下，考虑到肥料利用率及土壤本身供肥量等因素，1 亩火龙果园生产 2 000kg 经济产量所需要补充的化学养分 N、P_2O_5、K_2O 量分别定为 30 kg、15 kg、50 kg。在此基础上，将土壤肥力简单划分为低、中、高 3 级，施肥方式设定为传统施肥和水肥一体化施肥。土壤肥力判断不明确的情况下，按照中等肥力进行施用（表 6 - 4 - 1）。

表 6 - 4 - 1　生产 2 000kg 火龙果每亩需要施入的化学养分量

单位：kg

肥力水平/ 有机质（SOM）	传统施肥			水肥一体化		
	N	P_2O_5	K_2O	N	P_2O_5	K_2O
低肥力 （SOM<1%）	35	20	60	28	16	45
中等肥力 （1%<SOM<2%）	30	15	50	24	12	40
高肥力 （SOM>2%）	25	10	40	20	8	30

二、施肥时期与次数

火龙果需肥量较大，种植前基肥要足够，因其根系对盐分含量较为敏感，当盐分浓度大于 0.3% 时，便会发生反渗透现象，从而影响根系的正常生长，因此，火龙果施肥原则为基肥充足、追肥少量多次。非结果植株施肥以营养生长为主，以氮肥为主，磷肥为辅，适当增施钾肥，种植前施有机肥，定植苗发芽后开始追肥，每间隔 20d 左右追肥 1 次，以促进植株生长。结果植株施肥按照基肥、壮梢肥、壮花肥、壮果肥几个时期进行施肥，每个时期又分为少量多次施用，因此火龙果推荐施肥方式是基肥有机肥直接施用，追肥以水肥一体化为主，液体化肥和氨基酸等液体有机肥配合施用。

三、不同施肥期氮、磷、钾肥施用比例

火龙果各生育期所需养分不同，应该按其需肥特点进行施肥。传统施肥方式分为基肥、壮梢肥、壮花肥、壮果肥，共 4 个施肥时期，水肥一体化方式施肥每个时期可以增加肥料施用次数，每次间隔 7d 以上（表 6 - 4 - 2）。

表 6 - 4 - 2　氮、磷、钾肥施用比例

肥料	基肥	壮梢肥	壮花肥	壮果肥
氮肥	30%	20%	20%	30%
磷肥	50%	10%	15%	25%
钾肥	15%	20%	20%	45%

四、不同施肥期氮、磷、钾养分施用量

中等肥力条件下，不同施肥方式下氮、磷、钾肥施用量见表 6 - 4 - 3、表 6 - 4 - 4。

表 6 - 4 - 3　生产 2 000kg 火龙果传统施肥方式
每亩养分施用量　　　　　单位：kg

养分	基肥	壮梢肥	壮花肥	壮果肥
N	9	6	6	9
P_2O_5	7.5	1.5	2.5	3.5
K_2O	7.5	10	10	22.5

表 6 - 4 - 4　生产 2 000kg 火龙果水肥一体化方式
每亩养分施用量　　　　　单位：kg

养分	基肥	壮梢肥	壮花肥	壮果肥
N	9	3	4.8	7.2
P_2O_5	7.5	0.5	2	2

（续）

养分	基肥	壮梢肥	壮花肥	壮果肥
K_2O	7.5	6.5	8	18

五、不同施肥期具体施肥操作

品种、种植模式、管理方式会导致单位面积火龙果产量有较大差异。为方便大家使用，下面列出单位面积（亩）、产量（2 000kg）的肥料投入量。具体施用时，可以以此为依据进行简单计算得出。

1. 传统施肥方式

（1）基肥施用方法及用量　基肥以有机肥为主，商品有机肥或者微生物有机肥施用量为每亩2 000kg。

（2）壮梢肥施用方法及用量　火龙果壮梢肥以钾素、氮素为主，其中钾素、氮素可投入整个种植期的20%，磷素可投入整个种植期的10%。

表6-4-5提供了本时期生产2 000kg火龙果需要补充的化学肥料用量。具体肥料亩用量根据果园产量按倍数计算，施用时按照株行距换算成单行用量进行施用。

表6-4-5　生产2 000kg火龙果壮梢肥每亩施用量

肥料类型	化学肥料用量（kg）
尿素	7.2
磷酸二氢钾	2.8
硝酸钾	19.4

（3）壮花肥施用方法及用量　壮花肥以钾素、氮素为主，配施磷素，氮素用量宜适当控制。其中氮素可投入整个种植期氮素的20%，磷素可投入整个种植期磷素的15%，钾素可投入整个种植期钾素的20%。

表6-4-6提供了本时期生产2 000kg火龙果需要补充的化学

肥料用量。具体肥料亩用量根据果园产量按倍数计算，施用时按照株行距换算成单行用量进行施用。

表6-4-6　生产2 000kg火龙果壮花肥每亩施用量

肥料类型	化学肥料用量（kg）
尿素	7.6
磷酸二氢钾	4.8
硝酸钾	18.0

（4）壮果肥施用方法及用量　壮果肥以高量钾为主，其中氮素可投入整个种植期氮素的30％，磷素可投入整个种植期磷素的25％，钾素可投入整个种植期钾素的45％。

表6-4-7提供了本时期生产2 000kg火龙果需要补充的化学肥料用量。具体肥料亩用量根据果园产量按倍数计算，施用时按照株行距换算成单行用量进行施用。

表6-4-7　生产2 000kg火龙果壮果肥每亩施用量

肥料类型	化学肥料用量（kg）
尿素	6.5
磷酸二氢钾	6.7
硝酸钾	43.5

2. 水肥一体化方式

（1）基肥施用方法及用量　有机肥的施用量参照传统施肥施用。

（2）壮梢肥施用方法及用量　火龙果壮梢肥以氮素、钾素为主，肥料的施入均通过水肥一体化系统注入。

表6-4-8提供了本时期生产2 000kg火龙果需要补充的化学肥料用量。具体肥料亩用量根据果园产量按倍数计算。全部肥料分多次施入，每次肥料用量均衡施入或前少后多施入。

表6-4-8　生产2 000kg火龙果壮梢肥每亩施用量

肥料类型	化学肥料用量（kg）
尿素	2.5
磷酸二氢钾	1.0
硝酸钾	13.3

（3）壮花肥施用方法及用量　花期肥料以钾素、氮素为主，肥料的施入均通过水肥一体化系统注入。

表6-4-9提供了本时期生产2 000kg火龙果需要补充的化学肥料用量。具体肥料亩用量根据果园产量按倍数计算。全部肥料分2~3次施入，每次肥料用量均衡施入或前多后少施入。

表6-4-9　生产2 000kg火龙果壮花肥每亩施用量

肥料类型	化学肥料用量（kg）
尿素	2.5
磷酸二氢钾	1.0
硝酸钾	13.3

（4）壮果肥施用方法及用量　氮、磷、钾投入比例参照传统施肥方式，化学肥料的施入均通过水肥一体化系统注入。

表6-4-10提供了本时期生产2 000kg火龙果需要补充的化学肥料用量。具体肥料亩用量根据果园产量按倍数计算。全部肥料分2~3次施入，每次肥料用量均衡施入或前多后少施入。

表6-4-10　生产2 000kg火龙果壮果肥
每亩施用量

肥料类型	化学肥料用量（kg）
尿素	4.8
磷酸二氢钾	3.8
硝酸钾	35.9

第五节　猕猴桃施肥管理方案

猕猴桃为木兰纲（被子植物纲），杜鹃花目，猕猴桃科植物。我国猕猴桃种植面积和产量均占世界一半以上，陕西省分布最多，其次为四川、河南、江西、湖南等省份。

一、果园周年化学养分施入量的确定

猕猴桃每株每年因修剪和采果所损失的主要营养有 N 196.2g、P 24.49g、K 253.1g，远高于苹果、梨、葡萄等其他果树。年产 40t/hm² 猕猴桃的树全年生物量累积为 20.23t/hm²，共吸收 N 216.8kg/hm²，P 37.0kg/hm²，K 167.9kg/hm²。每生产 1 000kg 猕猴桃，需要吸收纯 N、P、K 分别为 5.40kg、0.92kg、0.42kg，折算为 N、P_2O_5、K_2O 分别为 0.54kg、0.21kg、0.50kg，比例为 1：0.4：0.9。

在传统施用方式和中等土壤肥力条件下，考虑到肥料利用率及土壤本身供肥量等因素，将 1 亩猕猴桃园生产 2 000kg 经济产量所需要补充的化学养分 N、P_2O_5、K_2O 量分别定为 25kg、15kg、20kg。在此基础上，将土壤肥力简单划分为低、中、高 3 级，施肥方式设定为传统施肥和水肥一体化施肥。土壤肥力判断不明确的情况下，按照中等肥力进行施用（表 6-5-1）。

表 6-5-1　生产 2 000kg 猕猴桃每亩需要施入的化学养分量

单位：kg

肥力水平/ 有机质（SOM）	传统施肥			水肥一体化		
	N	P_2O_5	K_2O	N	P_2O_5	K_2O
低肥力 （SOM<1%）	30	20	25	24	16	20
中等肥力 （1%<SOM<2%）	25	15	20	20	12	16

（续）

肥力水平/	传统施肥			水肥一体化		
有机质（SOM）	N	P_2O_5	K_2O	N	P_2O_5	K_2O
高肥力（SOM＞2%）	20	10	15	16	8	12

二、施肥时期与次数

一个生长周期中猕猴桃根系有 2 个生长高峰期，6 月和 9 月；新梢有 2 个生长高峰 4～6 月和 8 月；茎在 5～11 月增长较快；叶在 3～5 月增长量较大，9～11 月又有大幅度的增长；果实生长迅速生长期为 5～7 月。

猕猴桃各生育期所需养分不同，应该按其需肥特点进行施肥。传统施肥方式分为基肥、壮花肥、壮果肥，共 3 个施肥时期，猕猴桃施肥关键期有 2 个，秋季基肥、果实膨大前期。秋季基肥需要满足收获期到坐果期的养分吸收（养分吸收比例在 30% 以下、氮肥仅 15% 左右），果实膨大前期施肥主要满足果实生长始期到果实迅速膨大末期这段养分吸收高峰期的需求（氮、磷、钾量分别达全年总吸收量的 53.13%、55.40% 和 52.76%）。

水肥一体化方式可以将施肥时期分为采果肥（基肥）、萌芽肥、花前肥、谢花肥、壮果肥 5 个时期，每个时期可以根据需要分多次施肥。喜肥怕烧、喜水怕涝，因此，适合用水肥一体化方式，开展少量多次的水肥管理模式。

三、不同施肥期氮、磷、钾肥施用比例

猕猴桃传统施肥方式氮、磷、钾肥施用比例见表 6-5-2。

表 6-5-2　氮、磷、钾肥施用比例

肥料	基肥	壮花肥	壮果肥
氮肥	20%	20%	60%

（续）

肥料	基肥	壮花肥	壮果肥
磷肥	30%	15%	55%
钾肥	20%	20%	60%

四、不同施肥期氮、磷、钾养分施用量

中等肥力条件下，不同施肥期氮、磷、钾养分施用量见表6-5-3、表6-5-4。

表6-5-3 生产2 000kg猕猴桃传统施肥方式
每亩养分施用量 单位：kg

养分	基肥	壮花肥	壮果肥
N	5.00	5.00	15.00
P_2O_5	4.50	2.25	8.25
K_2O	4.00	4.00	12.00

表6-5-4 生产2 000kg猕猴桃水肥一体化方式
每亩养分施用量 单位：kg

养分	基肥	萌芽肥	花前肥	谢花肥	壮果肥
N	4.00	2.00	2.00	2.00	15.00
P_2O_5	2.25	1.50	1.50	1.50	8.25
K_2O	2.00	2.00	2.00	2.00	12.00

五、不同施肥期具体施肥操作

品种、种植模式、管理方式会导致单位面积猕猴桃产量有较大差异。为方便大家使用，下面列出单位面积（亩）、产量（2 000kg）的肥料投入。具体施用时，可以以此为依据进行简单计算得出。

1. 传统施肥方式

（1）基肥施用方法及用量　基肥以有机肥为主，少量化肥为辅，商品有机肥或者微生物有机肥施用量为每亩 2 000kg（表 6 - 5 - 5）。

表 6 - 5 - 5　生产 2 000kg 猕猴桃基肥每亩施用量

肥料类型	化学肥料用量（kg）
尿素	10.18
磷酸二氢钾	8.65
硝酸钾	2.28

（2）壮花肥施用方法及用量　猕猴桃壮花肥以补充少量氮、磷、钾为主，其中钾素、氮素可投入整个种植期的 20%，磷素可投入整个种植期的 15%。表 6 - 5 - 6 提供了本时期生产 2 000kg 猕猴桃需要补充的化学肥料用量。具体肥料亩用量根据果园产量按倍数计算，施用时按照株行距换算成单行用量进行施用。

表 6 - 5 - 6　生产 2 000kg 猕猴桃壮花肥每亩施用量

肥料类型	化学肥料用量（kg）
尿素	9.23
磷酸二氢钾	4.33
硝酸钾	5.46

（3）壮果肥施用方法及用量　壮果肥以氮、钾素为主，配施磷素，氮素用量宜适当控制。其中氮素可投入整个种植期氮素的 60%，磷素可投入整个种植期磷素的 55%，钾素可投入整个种植期钾素的 60%。

表 6 - 5 - 7 提供了本时期生产 2 000kg 猕猴桃需要补充的化学肥料用量。具体肥料亩用量根据果园产量按倍数计算，施用时按照株行距换算成单行用量进行施用。

表6-5-7　生产2 000kg猕猴桃壮果肥每亩施用量

肥料类型	化学肥料用量（kg）
尿素	28.31
磷酸二氢钾	15.87
硝酸钾	14.26

2. 水肥一体化方式

（1）基肥施用方法及用量　有机肥的施用量参照传统施肥施用（表6-5-8）。

表6-5-8　生产2 000kg猕猴桃基肥每亩施用量

肥料类型	化学肥料用量（kg）
尿素	10.18
磷酸二氢钾	8.65
硝酸钾	2.28

（2）萌芽肥施用方法及用量　猕猴桃萌芽肥需求量少，肥料的施入均通过水肥一体化系统注入。

表6-5-9提供了本时期生产2 000kg猕猴桃需要补充的化学肥料用量。具体肥料亩用量根据果园产量按倍数计算。全部肥料分多次施入，每次肥料用量均衡施入或前少后多施入。

表6-5-9　生产2 000kg猕猴桃萌芽肥每亩施用量

肥料类型	化学肥料用量（kg）
尿素	3.69
磷酸二氢钾	2.88
硝酸钾	2.20

（3）花前肥施用方法及用量　花前肥需求量少，肥料的施入均通过水肥一体化系统注入。

表6-5-10提供了本时期生产2 000kg猕猴桃需要补充的化学肥料用量。具体肥料亩用量根据果园产量按倍数计算。全部肥料

可分多次施入，每次肥料用量均衡施入或前多后少施入。

表 6 - 5 - 10　生产 2 000kg 猕猴桃花前肥每亩施用量

肥料类型	化学肥料用量（kg）
尿素	3.69
磷酸二氢钾	2.88
硝酸钾	2.20

（4）谢花肥施用方法及用量　谢花肥氮、磷、钾投入量不大，化学肥料的施入均通过水肥一体化系统注入。

表 6 - 5 - 11 提供了本时期生产 2 000kg 猕猴桃需要补充的化学肥料用量。具体肥料亩用量根据果园产量按倍数计算。全部肥料分多次施入，每次肥料用量均衡施入或前多后少施入。

表 6 - 5 - 11　生产 2 000kg 猕猴桃谢花肥每亩施用量

肥料类型	化学肥料用量（kg）
尿素	3.69
磷酸二氢钾	2.88
硝酸钾	2.20

（5）壮果肥施用方法及用量　壮果肥氮、磷、钾投入量最大，化学肥料的施入均通过水肥一体化系统注入。

表 6 - 5 - 12 提供了本时期生产 2 000kg 猕猴桃需要补充的化学肥料用量。具体肥料亩用量根据果园产量按倍数计算。全部肥料分多次施入，每次肥料用量均衡施入或前多后少施入。

表 6 - 5 - 12　生产 2 000kg 猕猴桃壮果肥每亩施用量

肥料类型	化学肥料用量（kg）
尿素	28.31
磷酸二氢钾	15.87
硝酸钾	14.26

第六节　杜果施肥管理方案

杜果为多年生木本果树，每个结果周期为一年，在一年中果树可多次萌芽、抽梢，在停止抽梢后开花，进入果实生长时期。杜果生长发育需要 16 种必需的营养元素，需要吸收大量的氮、磷、钾、钙、镁等，形成 1 000kg 经济产量所需要吸收的 N、P_2O_5、K_2O 的量分别为 1.735 kg、0.231 kg、1.974 kg，以及 CaO 0.252 kg，MgO 0.228 kg。

一、杜果需肥特点

杜果树不同生育期叶片和果实对各种养分的吸收量不同，采果后，植株以营养生长为主，大量吸收养分，积累营养物质，迅速恢复树势。果实生长发育及养分变化规律可分为 3 个阶段：第一阶段，开花稳实至坐果 20～25d，为果实缓慢生长期，氮、磷、钾、钙、镁的吸收量分别占果期吸收量的 25%、14%、1%、15%、14%；第二阶段，坐果后 20～60d，为果实迅速生长期，对氮、磷、钾、钙、镁的吸收量分别占果期吸收量的 68%、66%、63%、85%、65%，果实迅速膨大；第三阶段，果实进入了缓慢生长期，果实对氮、磷、钾、钙、镁的吸收量分别占养分总吸收量的 7%、20%、36%、0%、21%（表 6 - 6 - 1）。

表 6 - 6 - 1　杜果生长时期特点及养分吸收特点

生长时期	生长特点	养分吸收特点
营养生长	多次萌芽、抽梢	以营养生长为主，大量吸收养分，积累营养物质，迅速恢复树势
	开花前	以促进开花为主
果实生长发育	开花稳实至坐果	以坐果为主
	果实迅速生长期	果实生长迅速，需要大量氮、磷、钾、钙、镁养分
	果实缓慢生长期	以提高果实品质为主

通常情况下，按照杧果生长特点和养分吸收特点，将杧果施肥分为 4 个施肥期，分别为果后壮梢肥、促花肥、谢花肥、壮果肥，其中果后壮梢肥也叫作果后肥，或者基肥。

二、果园周年化学养分施入量的确定

结果期树：杧果形成 1 000 kg 经济产量所需要吸收的 N、P_2O_5、K_2O 的量分别为 1.735 kg、0.231 kg、1.974 kg，以及 CaO 0.252 kg，MgO 0.228 kg。在传统施肥方式和中等土壤肥力条件下，考虑到肥料利用率、土壤本身供肥量、果农施肥现状等因素，将 1 亩杧果园生产 1 000kg 经济产量所需要补充的化学养分 N、P_2O_5、K_2O 施入量分别定为 10 kg、4 kg、12 kg。在此基础上，将土壤肥力简单划分为低、中、高 3 级，施肥方式设定为传统施肥和水肥一体化施肥，可以根据实际情况进行调整。土壤肥力判断不明确的情况下，按照中等肥力进行施用（表 6 - 6 - 2）。

表 6 - 6 - 2　生产 1 000kg 杧果每亩需要施入的化学养分量

单位：kg

肥力水平/ 有机质（SOM）	传统施肥			水肥一体化		
	N	P_2O_5	K_2O	N	P_2O_5	K_2O
低肥力 （SOM<1%）	12	5	14	9	4	11
中等肥力 （1%<SOM<2%）	10	4	12	7	3	9
高肥力 （SOM>2%）	8	4	10	6	3	8

未结果树：未结果树以营养生长为主，建议按照初果期产量（1 000kg）计算氮肥用量，调高磷肥用量，调低钾肥用量，N、P_2O_5、K_2O 比例按照 2：2：1 施用，即每亩施入化学形态 N、P_2O_5、K_2O 的量分别为 10 kg、10 kg、5 kg。未结果树施肥按照抽梢次数进行施肥，每次新梢萌发开始施肥，建议分 4 次施用。在

此基础上将土壤肥力简单划分为低、中、高 3 级，施肥方式设定为传统施肥和水肥一体化施肥。土壤肥力判断不明确的情况下，可按照中等肥力进行施用（表 6 - 6 - 3）。

表 6 - 6 - 3　未结果树每亩需要施入的化学养分量

单位：kg

肥力水平/有机质（SOM）	传统施肥			水肥一体化		
	N	P_2O_5	K_2O	N	P_2O_5	K_2O
低肥力 （SOM<1%）	12	12	6	9	9	5
中等肥力 （1%<SOM<2%）	10	10	5	8	8	4
高肥力 （SOM>2%）	8	8	4	6	6	3

三、施肥时期与次数

传统施肥方式全年分为 4 个施肥时期，分别为果后壮梢肥、促花肥、谢花肥、壮果肥，因杧果种植区纬度、果农对杧果收获时期的预期不同等，杧果施肥时期以生长阶段进行划分，不宜用时间进行划分。从杧果开花习性上看，海南多在 12 月至翌年 3 月抽生，广西等大陆地区多在 2～4 月下旬，随着技术进步，目前已经可以通过花期调控，达到反季节生产。我国海南省三亚市杧果成熟时间最早，约在春节前后，果后肥在采果、修枝后即可进行施肥，随着纬度增加，杧果成熟期逐渐后延，则施肥时间进行后延。考虑到传统施肥通常采用根部施肥，费工费时，施肥效益未能与成本匹配，固每个时期施肥 1 次。施肥方式采用树盘滴水线处两边开沟、埋施的方式。

水肥一体化方式全年同样划分为 4 个施肥时期，果后壮梢肥、促花肥、谢花肥、壮果肥。施肥总量不变或降低的前提下，根据杧果实际增长情况、当地气候情况等因素，每个时期施用 2～3 次，每次间隔 7d 以上。全年施肥次数不少于 8 次。

四、不同施肥期氮、磷、钾肥施用比例

结果期果树需要考虑树体发育、花芽分化、果实品质形成等诸多因素，需根据各物候期果树对养分的需求进行分配（表 6-6-4）。

表 6-6-4 传统施肥方式氮、磷、钾肥施用比例

肥料	果后壮梢肥	促花肥	谢花肥	壮果肥
氮肥	40%	30%	10%	20%
磷肥	50%	20%	20%	10%
钾肥	30%	20%	20%	30%

未结果期树肥料在各物候期均匀分配即可。水肥一体化可以根据果树长势等条件增加施肥次数。

五、不同施肥期氮、磷、钾养分施用量

中等肥力条件下，不同施肥期氮、磷、钾养分施用量见表 6-6-5、表 6-6-6。

表 6-6-5 生产 1 000kg 杧果传统施肥方式

每亩养分施用量 单位：kg

养分	果后壮梢肥	促花肥	谢花肥	壮果肥
N	4	3	1	2
P_2O_5	2	0.8	0.8	0.4
K_2O	3.6	2.4	2.4	3.6

表 6-6-6 生产 1 000kg 杧果水肥一体化方式

每亩养分施用量 单位：kg

养分	果后壮梢肥	促花肥	谢花肥	壮果肥
N	3.2	2.4	0.8	1.6

（续）

养分	果后壮梢肥	促花肥	谢花肥	壮果肥
P_2O_5	1.5	0.6	0.6	0.3
K_2O	2.7	1.8	1.8	2.7

六、不同施肥期具体施肥操作

品种、种植模式、管理方式会导致单位面积杧果产量有较大差异。为方便大家使用，下面列出单位面积（亩）、单位产量（1 000kg）的肥料投入表。具体施用时，可以以此为依据进行简单计算得出。

1. 传统施肥方式

（1）果后壮梢肥施用方法及用量　果后壮梢肥施用在平坦的果园可以采用机械开平行施肥沟，单侧或者双侧均可；在地形地势比较复杂的果园通常采用人工开沟，可开环形沟或者放射沟，也可在树四周挖 4～6 个穴，直径和深度为 30～40cm，每年交换位置。施肥时将有机肥与各类化肥一同施入，与土混匀覆盖后，及时灌水。

表 6-6-7 提供了本时期生产 1 000kg 杧果需要补充的化学肥料用量。具体肥料亩用量根据果园产量按倍数计算，施用时按照株行距换算成单株或单行用量进行施用。

表 6-6-7　生产 1 000kg 杧果果后壮梢肥每亩施用量

肥料类型	化学肥料用量（kg）	备注
尿素（N，46%）	4.4	每亩须配合施用 2 000kg
15-15-15 复合肥	13.3	优质堆肥，或 500～1 000kg
农用硫酸钾（K_2O，50%）	3.2	商品有机肥

（2）促花肥施用方法及用量　促花肥开沟方式可参照果后壮梢肥，此时肥料类型只有化学肥料，开沟或者穴施的深度和宽度可以在 20～30cm。各类肥料与土混匀覆盖后，及时灌水，当前很多农

户采用将肥料溶解后浇于树盘的方法。

表6-6-8提供了本时期生产1 000kg杧果需要补充的化学肥料用量。具体肥料亩用量根据果园产量按倍数计算，施用时按照株行距换算成单株或单行用量进行施用。

表6-6-8 生产1 000kg杧果促花肥每亩施用量

肥料类型	化学肥料用量（kg）
尿素（N，46%）	4.78
15-15-15复合肥	5.33
农用硫酸钾（K$_2$O，50%）	3.20

（3）谢花肥施用方法及用量　施用方法与促花肥相同。

表6-6-9提供了本时期生产1 000kg杧果需要补充的化学肥料用量。具体肥料亩用量根据果园产量按倍数计算，施用时按照株行距换算成单株或单行用量进行施用。

表6-6-9 生产1 000kg杧果谢花肥每亩施用量

肥料类型	化学肥料用量（kg）
尿素（N，46%）	0.43
15-15-15复合肥	5.33
农用硫酸钾（K$_2$O，50%）	3.20

（4）壮果肥施用方法及用量　施用方法与促花肥相同。

表6-6-10提供了本时期生产1 000kg杧果需要补充的化学肥料用量。具体肥料亩用量根据果园产量按倍数计算，施用时按照株行距换算成单株或单行用量进行施用。

表6-6-10 生产1 000kg杧果壮果肥每亩施用量

肥料类型	化学肥料用量（kg）
尿素（N，46%）	2.61
15-15-15复合肥	2.67

（续）

肥料类型	化学肥料用量（kg）
农用硫酸钾（K_2O，50%）	6.10

2. 水肥一体化方式

（1）果后壮梢肥投入量及施肥方法　有机肥的施用参照传统施肥方式进行开沟施用。化肥的施用通过水肥一体化系统注入。

表6-6-11提供了本时期生产1 000kg杧果需要补充的化学肥料用量，也可以施用氮、磷、钾含量接近16-8-14比例的水溶肥料20 kg。具体肥料亩用量根据果园产量按倍数计算。全部肥料分3～4次施入，每次肥料用量均衡施入或前多后少施入。

表6-6-11　生产1 000kg杧果果后壮梢肥每亩施用量

肥料类型	化学肥料用量（kg）	备注
尿素（N，46%）	3.70	每亩须配合施用
15-15-15复合肥	10.00	2 000kg优质堆肥，或
农用硫酸钾（K_2O，50%）	2.40	500～1 000kg商品有机肥

（2）促花肥施用方法及用量　化学肥料的施入均通过水肥一体化系统注入。

表6-6-12提供了本时期生产1 000kg杧果需要补充的化学肥料用量，也可以施用氮、磷、钾含量接近24-5-18比例的水溶肥料10 kg。具体肥料亩用量根据果园产量按倍数计算。全部肥料分2～3次施入，每次肥料用量均衡施入或前少后多施入。

表6-6-12　生产1 000kg杧果促花肥每亩施用量

肥料类型	化学肥料用量（kg）
硝酸铵钙（N，15%；Ca，18%）	11.85
磷酸一铵（工业级；N，11.5%；P_2O_5，60.5%）	0.83
硝酸钾（一等级，晶体；N，13.5%；K_2O，46%）	3.91

（3）谢花肥施用方法及用量 化学肥料的施入均通过水肥一体化系统注入。

表 6-6-13 提供了本时期生产 1 000kg 杧果需要补充的化学肥料用量，也可以施用氮、磷、钾含量接近 8-6-18 比例的水溶肥料 10 kg。具体肥料亩用量根据果园产量按倍数计算。全部肥料分 2～3 次施入，每次肥料用量均衡施入或前多后少施入。

表 6-6-13 生产 1 000kg 杧果谢花肥每亩施用量

肥料类型	化学肥料用量（kg）
尿素（N，46%）	0.35
磷酸一铵（工业级；N，11.5%；P_2O_5，60.5%）	0.99
硝酸钾（一等级，晶体；N，13.5%；K_2O，46%）	3.91

（4）壮果肥施用方法及用量 化学肥料的施入均通过水肥一体化系统注入。

表 6-6-14 提供了本时期生产 1 000kg 杧果需要补充的化学肥料用量，也可以施用养分含量接近 16-3-27 比例的水溶肥料 10 kg。具体肥料亩用量根据果园产量按倍数计算。全部肥料分 3～4 次施入，每次肥料用量均衡施入或前多后少施入。

表 6-6-14 生产 1 000kg 杧果壮果肥每亩施用量

肥料类型	化学肥料用量（kg）
尿素（N，46%）	1.89
硝酸钾（一等级，晶体；N，13.5%；K_2O，46%）	5.44
磷酸二氢钾（P_2O_5，51.5；K_2O，34.5）	0.58

第七节 荔枝、龙眼施肥管理方案

一、果园周年化学养分施入量的确定

荔枝、龙眼每生产 100kg 鲜果所需要吸收的 N、P_2O_5、K_2O

的量分别为 1.5kg、0.8kg、2kg。在传统施肥方式和中等土壤肥力条件下，考虑到肥料利用率及土壤本身供肥量等因素，将 1 亩果园生产 100kg 荔枝、龙眼鲜果，所需要补充的化学养分 N、P_2O_5、K_2O 施入量分别定为 3kg、2kg、4kg。在此基础上，将土壤肥力简单划分为低、中、高 3 级，施肥方式设定为传统施肥和水肥一体化施肥。土壤肥力判断不明确的情况下，按照中等肥力进行施用（表 6-7-1）。

表 6-7-1 生产 100kg 鲜果每亩需要施入的化学养分量

单位：kg

肥力水平/ 有机质（SOM）	传统施肥			水肥一体化		
	N	P_2O_5	K_2O	N	P_2O_5	K_2O
低肥力 （SOM<1%）	3.75	2.50	5	2.80	1.10	3.75
中等肥力 （1%<SOM<2%）	3	2	4	2.25	1.50	3
高肥力 （SOM>2%）	2.25	1.50	3	1.70	1.80	2.25

二、施肥时期与次数

传统施肥方式全年分为 3 个施肥时期，分别为采后追肥期、花前追肥期和壮果追肥期，考虑到传统施肥较为费工费时，每个时期施肥 1 次。

水肥一体化方式全年分为 4 个施肥时期，分别为采后追肥期、花前追肥期、谢花追肥期和壮果追肥期。施肥总量不变的前提下，采后肥分 3 次滴施，在花前及谢花后各滴施 1 次肥料，壮果肥分 2 次滴施，合计滴施 7 次。

三、不同施肥期氮、磷、钾肥施用比例

荔枝、龙眼果树需要考虑树体发育、花芽分化、果实品质形成等诸多因素，肥料运筹也需根据各物候期果树对养分的需求进行分配（表 6-7-2、表 6-7-3）。

表 6-7-2　传统施肥方式氮、磷、钾肥施用比例

肥料	采后追肥期	花前追肥期	壮果追肥期
氮肥	50%	20%	30%
磷肥	30%	50%	20%
钾肥	20%	30%	50%

表 6-7-3　水肥一体化方式氮、磷、钾肥施用比例

肥料	采后追肥期	花前追肥期	谢花追肥期	壮果追肥期
氮肥	30%	20%	15%	35%
磷肥	40%	30%	20%	10%
钾肥	30%	10%	20%	40%

四、不同施肥期氮、磷、钾养分施用量

中等肥力条件下，不同施肥期氮、磷、钾养分施用量见表 6-7-4、表 6-7-5。

表 6-7-4　生产 100kg 荔枝、龙眼传统施肥方式
每亩养分施用量

养分	采后追肥期	花前追肥期	壮果追肥期
N	1.50	0.60	0.90
P_2O_5	0.60	1.00	0.40
K_2O	0.80	1.20	2.00

表 6-7-5　生产 100kg 荔枝、龙眼水肥一体化方式
每亩养分施用量

养分	采后追肥期	花前追肥期	谢花追肥期	壮果追肥期
N	0.68	0.45	0.34	0.78
P_2O_5	0.60	0.45	0.30	0.15
K_2O	0.90	0.30	0.60	1.20

五、不同施肥期具体施肥操作

树龄、目标产量、品种、土壤肥力、气候、施用方式等会导致每株荔枝、龙眼鲜果产量有较大差异。为方便大家使用，下面列出单位面积（株或亩）、单位产量（100kg）的肥料投入量。具体施用时，可以以此为依据进行简单计算得出。

1. 传统施肥方式

（1）采后追肥期肥料施用方法及用量　采后追肥期施肥时，可采用条状沟施肥，即沿荔枝、龙眼栽植的行向在荔枝、龙眼滴水线下挖一条 30～40cm 深沟，将肥料均匀撒入沟内，回填土壤，浇水；也可采用穴状施肥，在荔枝、龙眼滴水线下挖直径 40cm、深40cm 穴，一般每株挖 2 个，在树两边相对进行，然后施入腐熟好的有机肥，回填土壤。第二年与上一年施肥位置错开进行。

表 6-7-6 提供了本时期每株荔枝、龙眼生产 100kg 鲜果需要补充的化学肥料用量，也可以生产 100kg 荔枝、龙眼施用氮、磷、钾含量接近 15-6-8 的复合肥 10kg。具体肥料亩用量根据果园产量按倍数计算，施用时按照株行距换算成单株或单行用量进行施用。

表 6-7-6　生产 100kg 荔枝、龙眼采后追肥期每亩肥料施用量

肥料类型	化学肥料用量（kg）	备注
尿素（N，46%）	1.96	每株须配合施用 15～20kg 优质堆肥，或 5～10kg 商品有机肥
15-15-15复合肥	4.00	
农用硫酸钾（K_2O，50%）	0.40	

（2）花前追肥期肥料施用方法及用量　花前追肥期肥料类型主要以化学肥料为主，开沟或挖穴的深度和宽度可以在 15～20cm，也可以撒施。各类肥料与土混匀覆盖后，及时灌水。

表 6-7-7 提供了本时期每株荔枝、龙眼生产 100kg 鲜果需要补充的化学肥料用量，也可以每生产 100kg 荔枝、龙眼施用氮、

磷、钾含量接近 6 - 15 - 12 的复合肥 10kg。具体肥料亩用量根据果园产量按倍数计算，施用时按照株行距换算成单株或单行用量进行施用。

表 6 - 7 - 7　生产 100kg 荔枝、龙眼花前追肥期每亩肥料施用量

肥料类型	化学肥料用量（kg）
15 - 15 - 15 复合肥	6.67
农用硫酸钾（K_2O，50%）	0.40

（3）壮果追肥期肥料施用方法及用量　施用方法与花前追肥期相同。

表 6 - 7 - 8 提供了本时期每株荔枝、龙眼生产 100kg 鲜果需要补充的化学肥料用量，也可以每生产 100kg 荔枝、龙眼施用氮、磷、钾含量接近 18 - 8 - 40 的复合肥 20kg。具体肥料亩用量根据果园产量按倍数计算，施用时按照株行距换算成单株或单行用量进行施用。

表 6 - 7 - 8　生产 100kg 荔枝、龙眼壮果追肥期每亩肥料施用量

肥料类型	化学肥料用量（kg）
尿素（N，46%）	1.09
15 - 15 - 15 复合肥	2.67
农用硫酸钾（K_2O，50%）	3.20

2. 水肥一体化方式

（1）采后追肥期肥料施用方法及用量　有机肥的施用参照传统施肥方式开沟施用。化肥的施用通过水肥一体化系统注入。

表 6 - 7 - 9 提供了本时期每亩荔枝、龙眼生产 100kg 鲜果需要补充的化学肥料用量，也可以每生产 100kg 荔枝、龙眼施用养分含量接近 13 - 12 - 18 的复合肥 5kg。具体肥料亩用量根据果园产量按倍数计算。全部肥料分 3 次施入，每次肥料用量均衡施入或前多后少施入。

表 6-7-9　生产100kg荔枝、龙眼采后追肥期每亩肥料施用量

肥料类型	化学肥料用量（kg）	备注
尿素（N，46%）	0.67	
磷酸一铵（工业级；N，11.5%；P_2O_5，60.5%）	0.99	每株须配合施用15～20kg优质堆肥或5～10kg商品有机肥
硝酸钾（一等级，晶体；N，13.5%；K_2O，46%）	1.96	

（2）花前追肥期肥料施用方法及用量　化学肥料的施入均通过水肥一体化系统注入。

表 6-7-10 提供了本时期每亩荔枝、龙眼生产100kg鲜果需要补充的化学肥料用量，也可以每生产100kg荔枝、龙眼施用氮、磷、钾含量接近18-18-12的复合肥2.5kg。具体肥料亩用量根据果园产量按倍数计算。全部肥料1次性施入。

表 6-7-10　生产100kg荔枝、龙眼花前追肥期每亩肥料施用量

肥料类型	化学肥料用量（kg）
硝酸铵钙（N，15%；Ca，18%）	1.80
磷酸一铵（工业级；N，11.5%；P_2O_5，60.5%）	0.74
硝酸钾（一等级，晶体；N，13.5%；K_2O，46%）	0.65

（3）谢花追肥期肥料施用方法及用量　化学肥料的施入均通过水肥一体化系统注入。

表 6-7-11 提供了本时期每亩荔枝、龙眼生产100kg鲜果需要补充的化学肥料用量，也可以每生产100kg荔枝、龙眼施用氮、磷、钾含量接近12-12-18的复合肥2.5kg。具体肥料亩用量根据果园产量按倍数计算。全部肥料1次性施入。

表 6-7-11　生产100kg荔枝、龙眼谢花追肥期每亩肥料施用量

肥料类型	化学肥料用量（kg）
尿素（N，46%）	0.22

（续）

肥料类型	化学肥料用量（kg）
磷酸一铵（工业级；N，11.5%；P_2O_5，60.5%）	0.50
硝酸钾（一等级，晶体；N，13.5%；K_2O，46%）	1.30

（4）壮果追肥期肥料施用方法及用量 化学肥料的施入均通过水肥一体化系统注入。

表6-7-12提供了本时期每亩荔枝、龙眼生产100kg鲜果需要补充的化学肥料用量，也可以生产100kg荔枝、龙眼施用氮、磷、钾含量接近16-3-24的复合肥5kg。具体肥料亩用量根据果园产量按倍数计算。全部肥料分2次施入，每次肥料用量均衡施入或前多后少施入。

表6-7-12 生产100kg荔枝、龙眼壮果追肥期每亩肥料施用量

肥料类型	化学肥料用量（kg）
尿素（N，46%）	0.87
磷酸一铵（工业级；N，11.5%；P_2O_5，60.5%）	0.25
硝酸钾（一等级，晶体；N，13.5%；K_2O，46%）	2.61

图书在版编目（CIP）数据

果树科学施肥技术手册 / 李燕青，傅国海，何文天主编 . —北京：中国农业出版社，2023.12（2024.7 重印）
ISBN 978-7-109-31514-3

Ⅰ.①果… Ⅱ.①李… ②傅… ③何… Ⅲ.①果树—施肥—技术手册 Ⅳ.①S660.6-62

中国国家版本馆 CIP 数据核字（2023）第 239812 号

中国农业出版社出版

地址：北京市朝阳区麦子店街 18 号楼
邮编：100125
责任编辑：郭晨茜　谢志新
版式设计：杨　婧　责任校对：吴丽婷
印刷：中农印务有限公司
版次：2023 年 12 月第 1 版
印次：2024 年 7 月北京第 2 次印刷
发行：新华书店北京发行所
开本：880mm×1230mm　1/32
印张：6
字数：170 千字
定价：40.00 元